全国各类职业院校素质教育规划教材

现代礼仪

主　编　赵洪立　金　波
副主编　王洪军　王　莉
主　审　路建国

中国商业出版社

图书在版编目(CIP)数据

现代礼仪/赵洪立,金波主编 —北京:中国商业出版社,2016.9

ISBN 7-5044-5731-0

I.现… II.①赵… ②金… III.礼仪-基本知识 IV.K892.26

中国版本图书馆 CIP 数据核字(2006)第 101157 号

责任编辑:张超美

中国商业出版社出版发行

010-63180647 www.c-chook.com

(100053 北京广安门内报国寺 1 号)

新华书店经销

北京航天伟业印刷有限公司印刷

* * * * *

710×1000 毫米 开本:1/16 12.5 印张 230 千字

2016 年 9 月第 1 版 2016 年 9 月第 1 次印刷

* * * *

定价:26.80 元

(如有印装质量问题可更换)

前　言

依据教育部关于“培养与全面建设小康社会相适应,德、智、体、美等全面发展,具有综合职业能力,在生产、服务、技术和管理第一线工作的高素质的高级应用型专门人才”的高等教育、中等教育人才培养目标,我们本着立足高等教育,兼顾中等教育的原则,编写了这本《现代礼仪》。礼仪与社会发展和人类文明同步,文明社会需要高素质的综合人才,高素质的人才要有礼仪的修养。机遇和挑战并存的当代教育中的礼仪教育更应与时俱进。当代教育的礼仪教学目标应该是:塑造谈吐举止得体、文明礼貌的学生形象,为毕业生打造成功进入现代社会的礼仪通行证。

依据以上目标,本教材在讲清基本理论和规范的基础上,突出了实用性和可操作性,通过实例说明礼仪的原理、方法和规范,并在各章安排了案例分析和礼仪训练。本教材适用于大中专院校的素质教育。

本书由澳大利亚国际工商管理学院赵洪立老师(第一、二章)、广州第一商校金波老师(第三、四、五、六章)担任主编,湖北省宜昌市人力资源和社会保障局技校教研室王洪军老师(第七、八章)、内蒙古经贸学校王莉老师(第九、十、十一、十二章)任副主编,光盘部分由内蒙古经贸学校王莉老师、江苏徐州市劳动局教研室路建国主任指导录制。由江苏省徐州市人力资源和社会保障局教研室路建国主任主审。

在编写过程中,我们参考了国内外许多专家、学者的有关著述,同时感谢内蒙古经贸学校领导以及师生对光盘录制过程中给予大力支持和配合,在此深表谢意。

由于时间仓促和水平有限,书中存在缺点和问题在所难免,恳请广大师生和读者批评指正。

编　者

2016 年 9 月

目 录

第一章　礼仪简述

◇ **案例**

北京有一家由外国人投资、管理，以接待外国商务人士为主的五星级酒店。临近圣诞节了，酒店急于开业。招聘的几百名中国籍服务员，才接受了一个月的培训，马上要开业了，外资管理人员思考，怎样能使这些未经过有素训练的中国员工以饱满的热情、良好的精神风貌、较佳的服务状态迎接、接待外国宾客呢？这家五星级酒店的高管人员想了一条妙计。这条妙计收到了满意的效果。

第一节　现代礼仪的基本概念

一、礼仪的概念

我们可以从三个层次来理解“礼仪”这个概念：首先，礼仪是一种修养，是道德的外在表现形式。它体现了一个人的内涵，一个人的人格，它帮助每个人修身养性，完善自我，从而呈现给社会的是一张美好而真实的“名片”。其次，礼仪是一种秩序，是社会确定的人们应共同遵守的行为规范。它帮助每个人约束自我，尊重他人，自觉地认识和处理个人与他人以及与社会的关系，自然地表现出良好的社会公德和职业道德。第三，礼仪是一种社会的润滑剂。它帮助人们艺术地、巧妙地处理各种复杂的关系，比如单位与单位、民族与民族、国家与国家之间的关系，减少冲突，避免磨擦，求得共识，加强合作，促进社会的稳定和国家的繁荣昌盛。礼仪的内涵十分丰富，几乎涉及人类社会的每个领域。有个人礼仪、家庭礼仪；有餐桌礼仪、着装礼仪、书信礼仪；有公共场所礼仪、商务礼仪、公司礼仪；有教师礼仪、校园礼仪；有国务礼仪、军队礼仪、外交礼仪等等。

二、礼仪的含义

1. 礼、礼貌、礼节、礼仪的含义

礼是表示敬意的通称，它是人们在社会生活中处理人际关系并约束自己行为以表示尊重他人的准则。礼貌是人们在交往时，相互尊重和友好的行为规范。它体现了时代的风尚与道德水准，体现了人们的文化程度。礼节是指待人接物的行为准则，是礼貌的具体表现方式，是人们在日常生活中，特别是在交际场合表示尊敬、问候、祝贺、致意、慰问、哀悼以及给予必要的协助与照料的惯用形式，是社会文明的组成部分。礼仪通常是指在较大或较隆重的场合，为表示重视、尊重、敬意等所举行的合乎社交规范的仪式。它是社会交往中对礼遇规格、礼宾次序等方面应遵循的礼貌、礼节的要求。

2. 礼、礼貌、礼节、礼仪的联系与区别

(1)礼包括礼、礼貌、礼节、礼仪，其本质都是表示对人的尊重、敬意和友好。

(2)礼貌、礼节、礼仪都是礼的具体表现形式，礼貌是礼的希望规范，礼节是礼的惯用形式，礼仪是礼的较隆重的仪式。

第二节　现代礼仪的特性和作用

一、礼仪的特性

礼仪是人们在漫长的社会实践中逐步地形成、演变和发展的，它具有共通性、文明性、变化性、多样性、实践性等特性。

1. 共通性

无论是交际礼仪还是公关礼仪，都是人们在社会交往过程中形成并得到共同认可的行为规范。我们今天生活的世界可谓千姿百态。从人种来说，有黄色人种、白色人种、黑色人种、棕色人种，还有混血儿；从民族来说，有汉族、蒙古族、朝鲜族等；从语言体系来说，有汉语、英语、俄语、法语、德语、日语、阿拉伯语等。人们尽管分散居住于五大洲、四大洋的不同角落，但是，许多礼仪都是世界通用的。例如：问候、打招呼、礼貌用语、各种庆典仪式、签字仪式等等，大体上是世界通用的。虽然由于各国家、各地区、各民族形成了许多特有的风俗习惯，但就礼仪本身的内涵和作用来说，仍具有共通性。

2. 文明性

礼仪是人类文明的结晶，是现代文明的重要组成部分。人类从降世那天起就开始了对文明的追求，亚当和夏娃用树叶遮身便是文明之举。文明的体现宗旨是尊重，既是对人也是对己的尊重，这种尊重总是同人们的生活方式有机地、自然地、和谐地和毫不勉强地融合在一起，成为人们日常生活、工作中的行为规范。这种行为规范包含着个人的文明素养，比如待人接物热情周到、彬彬有礼；人们彼此间互帮互助、互相尊重、和睦相处，体现出人们日常生活中的文明、友好；注重个人卫生，穿着适时得体，见人总是微笑着问候致意，礼貌交谈，文明用语，这也体现出人们的品行修养。

3. 变化性

每一种礼仪都有其产生、形成、演变、发展的过程。礼仪在运用时也具有灵活性。一般来说，在非正式场合，有些礼仪可不必拘于约定俗成的规范，可增可减，随意性较大。在正式场合，讲究礼仪规范是十分必要的。但如果双方已非常熟悉，即使是较正式的场合，有时也不必过于讲究礼仪规范。

4. 多样性

世界是丰富多彩的，其中礼仪也是五花八门、绚丽多姿的。世界各地民俗礼仪千奇百怪，几乎没有人能说清楚世界上到底有多少种礼仪形式。从举止礼仪到规范礼仪，从风俗礼仪到宗教礼仪等，在不同的国家、不同的场合，礼仪的表达方式也有所不同。礼仪可谓多种多样，纷繁复杂。有些礼仪所表达的方式或内容，在甲国家或地区与乙国家或地区可能截然相反。

5. 实践性

礼仪是一门应用性很强的行为学。礼仪应用于交际场合，是人类进行交往与应酬的实践活动。礼仪是通过人们的长期实践流传下来，并为人们所认同和遵守的外化的行为规范，所以，它是通过实践活动得以体现的。

二、礼仪的作用

1. 遵守社会公德

社会公德，是指全体公民在社会和公共生活中应该遵循的行为准则，是公民为了维护社会正常生活秩序而共同遵守的最起码、最简单的公共生活准则。

社会公德是社会道德体系的重要组成部分，是社会文明程度的象征，也是衡量一个国家或民族文明素质、礼仪修养的主要指标之一。礼仪规范是建筑在社会公德基础之上的。学习、运用礼仪，可以促进人们遵守社会公德。中共中央下发的《公民道德建设实施纲要》提出的基本道德规范中，对“社会公德”的具体规范作了概括表述，即“文明礼貌、助人为乐、爱护公物、保护环境、遵纪守法”。从这五句话、二十个字包含的内容看，都可以从“礼仪”的角度去加以理解。

社会公德主要概括了以下三个方面的礼仪关系。

(1)反映了人与人之间的礼仪关系。如文明礼貌、助人为乐。讲文明礼貌，是做人的起点，也是礼仪的基本要求。它体现了礼仪规范中尊重和平等的基本要求。每个人来到世上，学习做人就是从讲文明礼貌开始的。一个注重礼仪的人，首先是一个讲文明、有礼貌的人。礼仪规范又是文明礼貌的具体表现，有礼貌而不懂得礼仪，就容易失礼。有些人虽然对他人有谦和、恭敬之心，由于不懂礼仪，就会造成适得其反的尴尬结果。称呼对方要使用礼貌用语，不讲粗话、脏话以及不得体的话。在行为方面，举止要庄重优雅，坦率开朗，谦虚恭谨，态度和蔼，不要盛气凌人或以势压人。助人为乐、心中有他人，体现了对他人的关怀和敬重，它是人际交往中的一种利他行为，体现了礼仪规范中敬人的基本要求，也是礼仪规范的最高境界。我们在帮助别人的时候，不同程度地满足了个人表达的愿望，同时内心会体验一种喜悦和快乐。比如，在公共汽车上给老人让座，帮助妇女和儿童，关心、资助残疾人和弱势群体等。助人为乐、心中有他人的行为规范，是个人健康的心理素质和社会的整体文明水平的体现，是一个社会文明的象征。

(2)反映了人与社会之间的礼仪关系。如，爱护公物、遵纪守法就体现了礼仪规范中遵守和自律的基本要求。学习和运用礼仪，重要的是要自我要求、自我约束、自我控制。如，学校教室的座位、电教设备，公园的花木、凉亭，街道旁的交通设备、电话亭，城市的雕塑、画廊，图书馆、博物馆等，都是保证学校、社会公共生活正常进行的物质基础，是社会的公共财产，必须加以爱护。不可在公共设施上乱涂乱画，用完的体育用品、活动器具等公共物品要放回原处。是否爱护公物，从一个侧面反映了个体以及城市市民整体的道德素质和礼仪水平。遵纪守法，更是每个公民责无旁贷的义务。

(3)反映了人与自然之间的礼仪关系。如，保护环境，体现了礼仪规范中互惠、互利的基本要求。我们要遵循这方面的礼仪规范，保持公共场所的整洁、舒适和干净，不随地吐痰，不扔果皮杂物，不随地大小便等；保护环境和生态平衡，不污染环境，不随意砍伐树木，不损坏花木，维护环境的净化、绿化和美化等。这既是为了保障社会成员的身体健康和环境，也是为了我们自己。保护环境是社会风尚的重要方面，它反映了一个民族和城市的文明程度与精神面貌。

2. 提升民族形象

在全球化的国际现代文明社会里，讲文明、懂礼仪，不仅反映现实生活中个体的道德水准和礼仪修养，而且是一个国家、一个民族精神文明质量的具体体现。在对外交往的事务中，如果我们仪态大方，彬彬有礼，端庄儒雅，不卑不亢，平等尊重，真诚守信，这不仅使个人充满活力和魅力，更使中华民族的素质，社会主义中国的精神风貌得以发扬光大，提升民族的形象和国际地位。周恩来总理在国际交往中所体现的礼仪修养与人格魅力，使许多外国领导人倾倒。原美国国务卿基辛格对周总理的外交风度与人格魅力赞不绝口。他在《白宫岁月》一书中写道："周恩来神采飞扬，双目炯炯，既有勃勃英姿，也有安详的举止"，"他举止娴雅庄重，控制了整个房间的局面"，他有"外弛内张的神志，钢铁般的创造力"，"人们在他面前会不知不觉地敞开心扉，倾诉衷肠。"在周总理任职期间，我国在国际上的地位得到前所未有的发展和提升，这与他的礼仪修养和人格魅力不无关系。

3. 调节人际关系

社会学家通过大量的研究发现，任何人都不会无缘无故地接纳和喜欢别人，这要建立在人际交往中的互动基础上。你只有真心、友善地接纳、喜欢他人，他人才会以同样的态度对待你，愿意同你建立良好的人际关系。有位心理学家在作报告时举了一个经常可能发生在我们身边的例子：一次，他到某商务大楼去，当他推开大楼的大门准备进入时，发现身后有一个人也想进门，于是他就很有礼貌地撑住装有弹簧的门，让那人先进去，以免门的反弹伤着人。谁知那人非但不表示谢意，反而昂首挺胸，大摇大摆地走了进去，连瞟都不瞟为他撑着门的人。这位心理学家形容他当时的心情："恨不得将门狠狠地砸到他的身上。"可见，人人都厌恶不懂礼貌的人。在我们的日常生活中，常常会出现这样一幕：学生甲某在马路上匆匆行走，一不小心，撞得迎面过来的乙某一个踉跄，差点摔倒。乙某气得拉长了脸，刚想责骂甲某，只见甲某满脸堆笑、愧疚地连声打招呼："对不起，实在是对不起，是我不好，不知是否撞疼您了？"此时的乙某见状，也不好意思发火了。礼仪是联络人际感情的纽带，是化解矛盾的润滑剂，是沟通人际关系的桥梁，它为调节和营造一个平等、尊重、真诚、友爱、互助的新型人际关系起着不可忽视的作用。

◇ 案例

2004 年 6 月 8 日，西方八国集团首脑会议在美国佐治亚洲的海岛召开。参加会议的有：美国总统布什、俄罗斯总统普京、日本首相小泉纯一郎、德国总理施罗德、法国总统希拉克、英国首相布莱尔、意大利总理贝卢斯科尼、加拿大总理保罗·马丁。

会议中布什总统建议所有的人穿着随意一些。会议上美国专门制作了样式新颖、别致的八国首脑专用车。会议场所的设置淡雅、轻松，然而这次会议上其他七国首脑穿着素雅、轻便、休闲，惟独法国总统希拉克身着西装，正襟危坐。

案例分析

1. 阅读分析本章开篇案例，外资高管人员的妙计是什么？（升国旗唱国歌）

2. 为什么法国总统希拉克身着西装，正襟危坐？

思考题

1. 什么是礼仪？
2. 现代礼仪的特征有哪些？
3. 现代礼仪的作用是什么？

第二章　仪容礼仪

◇ **案例**

有三位刚从高职院校毕业的女学生，同去一家三星级宾馆做餐饮服务员。一个月下来考核工作时发现，在这三位学生中，有一位学生和其他两位相比，业绩最差，薪酬也最少。这位同学与其他两位相比，身材、长相都不差，甚至还占一些优势。但为什么业绩最差呢？为什么服务的桌次及客户人数最少呢？后来，主管对她进行了观察和分析，发现她的服务技能也不差。但是有些客户不愿面对她，甚至有个别客户还提出更换服务员。主管在与客户沟通时了解到客户不愿和她接触的原因是：这位女学生浓妆艳抹，化妆品气味呛鼻，嘴涂抹得鲜红，脸抹得像唱戏的花旦，还染着鲜艳的指甲油。主管帮她分析了原因后，纠正了她的化妆错误，在接下来的工作中她提升得很快，一年后晋升到领班的位置。

第一节　仪容修饰

一、仪容修饰的含义

仪容修饰是指对人的面部和头发进行修整妆饰，使其外在形象达到整洁、大方、美观、典雅效果的一些基本方法。

二、仪容修饰的功能

仪容修饰是保持健康和活力的手段；是树立自信的有效方法；是实现悦己悦人目的的途径；是对自己的尊重和对别人的一种礼貌。靳羽西曾经有感而发："每当我看上去最美丽的时候，我工作得也最出色！"同时国外一份调查资料也显示，在相同情况下，经常化妆的女性比平常不化妆的女性，精神状态好，不易疲劳，更充满自信。

三、仪容修饰的要求

1. 要讲究个人卫生

这是仪容修饰的首要要求。平时要保持面部及身体各部位的整洁、卫生。不仅是为了美，也是为了身体健康。

(1)勤洗脸。除早晚各一次外，出汗后也应尽可能洗一下，以减少汗液对皮肤的损害。

(2)勤洗澡。更要勤换衣服，包括床上用品，特别是枕巾。治愈的皮肤病再次复发的原因之一，就是没有及时更换衣物，这些沾有病菌的衣物成了传染源。

(3)勤梳头。可以梳掉头皮屑、灰尘等，还有就是对头皮的按摩，每天坚持30下，必有收效。

(4)勤理发。及时修剪头发，不仅可以让人看起来整洁，还可以改换心情。

(5)勤修指甲。有人说，手是人的第二张脸。及时除掉指甲中的污垢，剪掉过长的劈了的指甲，并修剪成型，可美化你的手。

(6)勤剪鼻毛。鼻毛长出鼻外，是非常不雅观的，也是令自己很尴尬的事。

(7)剃腋毛。穿无袖上装时，露出腋毛是很不雅观的。

2. 要追求自然

自然就是艳而不俗，柔和顺眼，轻施粉黛，恰当遮盖面部缺陷，强调和突出仪容本身的自然美，使人充满活力。

3. 要强调整体效果

修饰是一项整体工程，注意各修饰部位的协调统一。如面部化妆只化黑眼圈，或只涂鲜艳的唇部，并不给人以美感，还会衬托其他部位的不美。东方女性皮肤偏黄，只擦口红的结果，反而让气色更显腊黄、老气。所以，应力求诸多因素浑然一体，营造出整体风采。

4. 要与环境气氛统一

不同的环境、气氛、场合，修饰要求不同。适宜的修饰会让你与之相容，不会无地自容。如白天的工作场所宜化淡妆，化浓妆会破坏你的职业形象，不易赢得他人的信任；热烈的气氛中，如参加舞会、晚会等，妆色可偏浓，使自己融入欢快的气氛中，享受那份欢乐；严肃、悲伤的场合不宜浓妆艳抹，与环境不相容，会让自己感到尴尬，令主人不快，影响社交效果；去郊游则宜淡雅，方便舒适是首选（防晒品必备），放松心情，充分享受溶入大自然的愉悦。

四、仪容修饰的礼节

1. 正式场合要化妆

在步入正式场合，特别是涉外场合之前，应精心地修饰自己，女士不化妆会被认为失礼，男士也要根据实际情况进行适当修饰。通过适宜的修饰可给别人留下良好的印象；可使自己充满自信，是对自己的尊重；可让主人感到你很重视这次活动，这也是对他人的尊重。何乐而不为呢？

2. 不当着他人的面化妆

化妆是女人很私密的事情，故不宜在大庭广众之下，特别是男士面前进行，一是显得没教养，二是会降低女性的魅力，失去神秘感。应在自己的房间或洗手间内悄悄地进行。

3. 不借用他人化妆品

化妆品，对女人来说是很私人的物品，相当于内衣、餐具等，不愿别人染指。所以不要轻易去借用，因为这既不卫生又不礼貌，使主人处于两难境地，不借不好意思，借了可能会因担心传染病之类的自己不愿再用，假如又是高档化妆品，主人的不快可想而知。

4. 不指责他人妆容

每个人都有自己的审美情趣和喜爱的化妆方法，应当抱着宽容和欣赏的态度去看待他人的妆容，切忌指指点点、自以为是、令他人难堪，这是干涉他人隐私，是不礼貌、没教养的表现。

第二节　面部修饰

化妆是一门艺术，适度得体的化妆，可以体现女性端庄、美丽、温柔、大方的独特气质，是女性在政务、商务和社会交往中以化妆品及特殊的艺术手法来装扮自己，以达到振奋自己的精神、尊重他人的目的。

一、皮肤的护理

1. 皮肤的性质

为了保护好自己的皮肤，正确选用适合的化妆品，首先必须了解自己皮肤的性质。通常，皮肤的类型可以分为四种，即油性、中性、干性和混合性皮肤。但从医学美容的角度，可以将皮肤分为六种类型，即油性、中性、干性、混合性、敏感性、问题性皮肤。

（1）油性皮肤。特点是皮肤粗厚，毛孔较明显，部分毛孔很大，酷似橘皮。皮脂分泌多，特别在面部及T型区可见油光；皮肤纹理粗糙，易受污染；抗菌力弱，易生痤疮；附着力差，化妆后易掉妆；较能经受外界刺激，不易老化，面部出现皱纹较晚。

(2)中性皮肤。皮肤平滑细腻，有光泽，毛孔较细，油脂水分适中，看起来显得红润、光滑、没有瑕疵且富有弹性。对外界刺激不太敏感，比较耐晒，不易起皱纹，化妆后不易掉妆。多见于青春期少女。皮肤随季节变化较大，冬季偏干，夏季偏油。三十岁后变为干性皮肤。

(3)干性皮肤。肤质细腻，较薄，毛孔不明显，皮脂分泌少而均匀，没有油腻感觉。皮肤比较干燥，看起来显得清洁、细腻而美观。这种皮肤不易生痤疮，且附着力强，化妆后不易掉妆。但干性皮肤经不起外界刺激，如风吹日晒等，受刺激后皮肤潮红，甚至灼痛。容易老化起皱纹，特别是在眼部、嘴角处最易生皱纹。

(4)混合性皮肤。同时存在两种不同性质的皮肤为混合性皮肤。一般在前额、鼻翼、颏部(下巴)处为油性，毛孔粗大，油脂分泌较多，甚至可发生痤疮，而其他部位如面颊部，呈现出干性或中性皮肤的特征。

(5)敏感性皮肤。皮肤较薄，天生脆弱缺乏弹性，换季或遇冷热时皮肤发红易起小丘疹，毛细血管浅，容易破裂形成小红丝。或皮肤细腻白皙，皮脂分泌少，较干燥。其显著特点是接触化妆品后易引起皮肤过敏，出现红、肿、痒等。对烈日、花粉、蚊虫叮咬及高蛋白食物等也易导致过敏。

(6)问题性皮肤。把患有痤疮、酒糟鼻、黄褐斑、雀斑等在生活中影响美容，但没有传染性，也不危及生命的皮肤，统称为问题性皮肤。

2. 怎样测定皮肤的性质

测定皮肤性质的方法很多，有专门鉴别皮肤性质的仪器，也有最简单的观察辨别法。问题性皮肤很容易观察判断，而其他类型的皮肤则需要仔细鉴别。

一般主要观察毛孔大小，油脂多少，有无光泽，皮肤弹性，接触化妆品是否过敏等，然后把观察结果与各类皮肤特点做对比，就基本可以判定自己皮肤的性质。

通常还可以采取简单易行的纸巾测试方法进行鉴别:晚上睡觉前用中性洁肤品洗净皮肤后,不擦任何化妆品上床休息,第二天早晨起床后(不洗脸),用一面纸巾轻拭前额及鼻部,若纸巾上留下大片油迹,皮肤便是油性的;若纸巾上仅有星星点点的油迹或没有油迹,皮肤则为干性;若纸巾上有油迹但并不多,就是中性皮肤。

3. 皮肤的护理

皮肤的护理是全方位的,保持良好的心态、愉悦的身心、健康的生活方式(常忧愁、烦恼、易怒之人,会引起机体生理性病变);营养均衡,多吃蔬菜、水果、豆乳制品及其他营养丰富的食物,适当摄取维生素、蛋白质及微量元素等,多喝水;良好的睡姿,充足的睡眠,适当的运动;再配合正确的洗脸方法,定能取得好效果,使肌肤更加健美。

生活中有些人,可以用大量的时间化妆,却懒得认真地洗脸,用正确的方法洗脸不仅可以清洁皮肤,也可以去除新陈代谢产生出的老化物质、空气污染、卸妆等残留物。男士应特别注重洗脸,男性皮肤一般比较粗糙,表面经常粘附污垢堵塞毛孔,导致毛囊及皮脂腺疾病。因此,男士进行科学的护肤是非常重要的。

洗脸时应遵守以下几点:

(1)根据皮肤性质选用不同的清洁用品。

(2)使用洗面奶时,应取少量洗面奶放在手心里蘸水揉搓起泡,泡沫越细越不会刺激皮肤。

(3)基本上是从皮脂分泌较多的T字区开始清洗,特别鼻子下方容易长青春痘,额头中心部皮脂特别发达,须仔细洗净多余的皮脂。手指不要过分用力,使指肚仅有的面积充分接触脸颊的皮肤,以起到按摩清洁的作用,轻轻地由内朝外画圆圈滑动清洗。

(4)洗脸时要记得洗到脖子部位,下巴底部、耳下等也要仔细洗净,粉底霜没去除干净将会对肌肤引发各种困扰。

(5)冲洗时用流水充分地去除泡沫,在较冷的季节,需使用温水,以免毛孔紧闭而影响了清洗效果。

(6)洗脸后用毛巾擦拭脸上水分时,不可用力揉搓,以免伤害肌肤。正确使用毛巾的方法是,将毛巾轻贴在脸颊上,让毛巾自然吸干水分。

二、肌肤的保养

1. 油性皮肤

油性皮肤，如果不长面疱，就比较好处理。

化妆品选择:选择油分较少，且清爽性较强，能抑制皮脂分泌、收敛作用较强的化妆品。

保养重点:洗脸次数增多，随时保持皮肤洁净干爽，使用收敛性化妆品，抑制油脂分泌，一周敷面、按摩、去角质一次，饮食应注意少吃糖、酒、咖啡、巧克力，含有刺激性食物，同时吃些维他命 B_2、B_6，能增加肌肤抵抗力。

2. 中性皮肤(又称正常皮肤)

正常的皮肤虽然是最理想的皮肤，但仍然得善加保养，否则在炎夏的天气，容易偏向油性，冬天则易偏向干性。

化妆品选择:依照年龄、季节分别选择，如夏天可选亲水性，冬天可选具有滋润作用的化妆品。

保养重点:每天注意清洁、保养，一周按摩、敷面一次，做完敷面，三小时之内，最好让皮肤好好休息不要化妆。

3. 干性皮肤

干性皮肤对年轻女孩来说蛮好，它不容易长面疱，而且能使化妆持久不脱妆;但缺点是，一过三十岁以后，如果不善加保养，很容易老化形成皱纹。

化妆品选择:含有油分、养分高的化妆品。

保养重点:按摩是促进血液循环最好的方法，一周敷面 1 ~2 次。

早晚改用维他命营养霜或荷尔蒙活性营养霜滋润。平时不要直接受到冷风或太阳光曝晒。

4. 混合性皮肤

混合性皮肤具有干性、油性两种皮肤性质。处理起来也需特别用心，因为它干的地方特别干，油的部分又特别油，所以一般称它为矛盾型皮肤，在选用保养品时应注意，眼睛四周脸颊均特别干，会有皱纹，应涂抹维他命面霜滋润，必要时涂些眼霜防止皱纹加深。

T 字型部位较油，有粉刺，应选用收敛性保养品，可抑制油脂分泌，起杀菌消毒作用，一周按摩一次，敷面也同样分为两种肤性处理，慢慢改善。

特别提醒，男士要坚持经常刮脸，胡须容易附着尘埃、病菌，经常刮脸可保持皮肤洁净，有助于永葆青春容颜。剃须后皮肤会变得粗糙，而且可能有看不到的小伤口，这时需使用男士专用的须后营养品，它的特殊成分能舒缓面部皮肤，令毛孔自然收缩。男士应使用针对男士皮肤性质而研制的男用护肤品。

三、化妆的程序及基本方法

日常化妆的重点在于自然、柔和、干净、立体、让自己像自己。虽然化妆每隔一段时间就会发生些变化,但基本步骤还是有一定之规的，以下就介绍一些日常化妆的方法，让您在繁忙中抽出一点时间妆扮自己，必能增添动人魅力。此方法练习几次，就能较好地掌握。首先要掌握化妆的一般程序。

1. 净面。洁净的皮肤是化好妆的基础，在清洁皮肤同时可适当加些按摩指法和力度，舒张皮肤张力，以适合皮肤与化妆品的亲和力。可以用洗面奶、清洁霜等清洁类化妆品清洁皮肤。

2. 修眉。去除多余的眉毛，修整其眉型。有拔眉法和剃眉法二种。

3. 上化妆水。将化妆水涂抹于面部与颈部并用手轻拍使其渗透，收缩毛孔，使皮肤增加弹性。

4. 润肤。可以用营养霜或乳液，一是滋润皮肤，二是起隔离作用。

5. 上粉底。选择与自已肤色接近的粉底液，先点五点即额、两颊、鼻尖、下颌(使面部有立体感)，然后用海绵(或指肚)在全脸、耳朵及脖子上抹匀。主要为改善肤色和皮肤的质感，使皮肤细腻洁净。要遮盖眼睛下部的黑圈或面部的瑕疵时，可先涂上遮瑕膏，再用海绵抹匀。

6. 施粉。粉可以减少粉底在皮肤上的油光感并防止粉底脱落,妆走形。但扑粉后会使妆面产生朦胧感,缺少亮丽效果,可用湿毛巾在扑粉后的妆面上轻轻按一按,这样既防止妆面脱落,又可保持亮丽的光泽。

7. 画眉。眉是眼睛的门户，眉的描画应与眼形和脸对称。眉头最浅，眉尾次深，但由深至浅不要有明显的痕迹，这样眉毛才自然立体。

8. 眼部化妆。分三步，一是画眼线，二是画眼影，三是涂染睫毛膏。

(1)画眼线。为了加强眼部神采，使眼睛炯炯有神，应该与眼型和脸型相称。一般上下眼线都要画，上粗下细，千万不要把眼睛框起来，上下眼线在眼尾处应有所分开，下眼线可只画靠近眼尾的半根眼线，可避免像大熊猫。

(2)画眼影。用毛刷沾眼影粉，这样不同颜色的眼影粉会融合得更加均匀。在眼睑内侧涂较深的眼影，以衬托出鼻子的线条，这是东方脸型常用的技巧。眼影的主色调(即深色)一定要根据当时的服饰、环境、场地而决定。

(3)涂染睫毛膏。为了增强眼部立体感。先用睫毛夹夹住睫毛卷压片刻，使睫毛向上翘起，在卷翘的睫毛上刷睫毛液，使睫毛显得浓密、漂亮。

9. 画鼻侧影。选择与妆色协调的影色，点在鼻梁两侧上下晕染。鼻侧影的晕染可根据鼻型的需要给以适当的矫正，阴影色与明亮色应协调应用，使鼻梁达到挺拔的效果。

10. 涂腮红。腮红可使人显得健康、精神，并可弥补脸形的不足，能使颧骨显得突出，圆脸型的人，腮红的形状应是长条形，以减弱胖的感觉；长脸形的人应涂得宽一些，以增加胖感。腮红的颜色应与口红、眼影色相协调，效果要柔美自然。

11. 画唇。首先用粉底或遮盖霜涂敷在需要矫正的唇边缘，再用唇线笔勾画轮廓，然后在轮廓内填满唇膏，并涂上亮光油。

12. 修妆。在整体妆面完成后，可离镜子远一点，观察妆的整体效果。主要是看妆形、妆色是否协调；左右是否对称；底色是否均匀；如有不足加以修改，所以一开始化妆宜淡不宜浓，给修妆留点余地。

四、卸妆的程序及方法

为了美丽，我们要学会化妆，为了美丽，我们更要做卸妆高手。

简单的卸妆步骤应由面部彩妆颜色最深的部位开始。近年流行的妆容也将重点放于眼妆之上，因此卸妆时可从眼部开始着手，从眼到唇，最后才彻底清洁面部的彩妆。

1. 眼部卸妆。眼部的肌肤极细嫩，应避免过分用力，以免拉松皮肤，形成眼纹。应先用棉花棒蘸上卸妆品卸除眼线及睫毛的化妆品。卸除眼妆时，如果使用的不是防水睫毛膏，便可以用化妆棉蘸取眼唇专用卸妆液，在眼部轻按3秒，让卸妆液充分地溶解睫毛、眼线及眼影，然后按照眼皮的肌理，右眼顺时针，左眼逆时针的方向清洁。清洁按摩后，用面巾纸或化妆棉擦拭干净。

卸除防水睫毛膏时，先将面巾纸或化妆棉用剪刀剪成条状，然后折一下轻轻地放在下眼皮处，用蘸取了卸妆液的棉棒，轻轻地在睫毛根处停留5秒，然后顺着睫毛从上而下清理。下睫毛和下眼线可用棉花棒，蘸取眼部卸妆液做局部清洁。

2. 眼影和眉部卸妆。用化妆棉蘸卸妆品轻抹眼影和眉毛的化妆。

3. 唇部卸妆。以纸巾印去多余的唇膏，用化妆棉蘸取眼唇专用卸妆液，轻敷双唇数秒，等卸妆液溶化口红后，再以化妆棉横向擦拭唇部，便能轻松卸除唇妆。

4. 面部卸妆。取适量的卸妆乳，用化妆棉或指肚均匀地涂于脸部、颈部，以打圈的方式轻柔按摩，卸除脖子的粉底要由下而上清洁，用面巾纸或化妆棉拭净，直到面巾纸或化妆棉上没有粉底颜色为止。

5. 冲洗。最后用清水冲洗干净所有卸妆品，抹干面后再涂上爽肤水及少量护肤品。

＊提示：

①卸妆完毕，最好使用性质温和的洗面奶洗脸，然后再用爽肤水对肌肤做最后的清洁，以及平衡肌肤的 PH 值。在选用产品时，最好使用同一品牌的系列产品。

②敏感皮肤在使用卸妆产品时应小心谨慎，最好选择不含酒精、香料、色素等化学成分，且性质温和的卸妆产品，而且卸妆时间不宜过长。

③使用化妆棉卸妆时，可将化妆棉对折两次，用完一面再换干净的一面擦拭，这样一来化妆棉便可重复使用多次。

最后特别要注意的是，饮食无节制，特别是过多地食用甜、辛、辣、酸等刺激性食物，或有抽烟、嗜酒等不良习惯，及不爱吃蔬菜、水果的男性，会使体内酸碱失衡，影响健康，当然也会影响皮肤的健美。

若你能按以上要求去做，并与合理饮食、生活规律、适度运动等相结合，并坚持下去，久而久之，当你对镜梳妆时，会惊喜地发现，自己越来越漂亮了。

第三节　发型修饰

你注意过没有，我们打量一个人往往是从头开始的，而头发又是人的制高点。可我们常常对面部修饰费尽心机，而花在头发上的时间、金钱就差多了，这是不对的，其实再也没有比一头健康亮泽的秀发更令人羡慕的了，靓人先靓发，虽然人的头发也是随着年龄的变化而变化的，但年轻时不好好呵护的话，头发也会先人而衰老，一头不加修饰的头发会大大损害你的形象，那么，就在你的秀发上面用一点心思吧！

一、护发

1. 发质

首先，我们要做的是知道自己属于什么发质的。要分辨头发的性质并不难，头皮的油脂分泌量是关键所在，发质可分为四类：油性、干性、中性和混合性。

(1) 油性。发丝油腻，洗发第二天，发根已出现油垢，头皮如厚鳞片般积聚在发根，容易头痒。油脂分泌过剩，大多与荷尔蒙分泌紊乱、压力大、过度梳理、经常进食高脂食物有关。

(2)中性。头发柔软顺滑，有光泽，油脂分泌正常，每天脱发数量约三十根，只有少量头皮屑。

(3)干性。油脂少，头发干枯、容易打结、松散，头皮干燥、容易有头皮屑。油脂分泌不足或头发缺乏水分，经常漂染或用过热的水洗发，会使头发干燥。

(4)混合性。头皮油但头发干。多数是油性头皮的人过度进行烫发或染发，又护理不当，以至 发丝干燥但头皮仍油腻。

2. 怎样测定头皮的性质

最简单的方法就是你用手在头皮上来回擦几下，然后将手指按在一张薄纸上一分钟，若纸上出现油迹，则为油性头皮;若纸上出现夏季出汗时的手指留下的痕迹，则为中性头皮;若几乎看不到油迹，则为干性头皮。

3. 头发的一般护理

要使头发健康秀美，必须用科学的方法护发，保护头发应注意心情愉快，营养平衡，睡眠充足。护发是美发的基础，主要是从洗发、梳发、按摩几个方面入手。

(1)洗发。头发上的脏物是引起头皮过多和脱发的一个原因，而且有碍于头发的正常生长。而洗头的目的就在于洗掉头皮和头发上的污物，所以，要保护好头发，就要经常洗头，使头发经常处于清洁状态。

①洗发前，先用梳子将整头头发梳顺。

②先要用水浸湿头发，然后再用洗发剂。第一次将洗发剂涂在头发上，用手指肚像按摩似地揉洗。特别是头的表皮层，易被皮脂和汗液弄脏，应仔细揉洗。第二次用第一次洗发剂用量的一半进行揉洗。

③最后用清水反复漂洗，直至头发上彻底没有洗发剂为止。

(2)梳发。用正确的方法梳发，是保持美发不可缺少的日常修整之一。梳发可以去掉头及头发上的浮皮和脏物，并给头发以适度的刺激，以促进血液循环，使头发柔软而有光泽。使用的梳子应从实用的目的出发进行选择。正确的梳头办法是，首先从梳开散乱的发梢开始，用梳子轻贴头皮，慢慢的梳。用力要均匀，如用力过猛，会刺伤头皮。先从前额的发际向后梳，再沿发际从后向前梳。然后，从左、右耳的上部分别向各自相反的方向进行梳理，最后让头发向头的四周披散开来梳理。平常用的梳子，要用手指检查一下梳齿，如有毛刺不要用，因为会划伤头皮。

(3)按摩。按摩可以刺激皮肤，促进血液循环，调节脂肪分泌，解除头部疲劳，有助于头发的发育，保持头皮的健康；对于预防和治疗头皮过多症、偏头痛也是极好的措施。按摩的方法是，用自己的十个指头尖在头皮上轻轻转动，将整个头皮都按摩到。早晚各一次，每次10分钟左右。然后按摩后脖子约一分钟，长期坚持，头发光亮柔软。

4. 不同发质的护理

(1)油性发质护理

①注意清洁头皮，建议天天洗发；

②不要用过热的水洗发，以免刺激油脂分泌；

③护发素只宜涂在发干上，不要抹在头皮上；

④不要经常用发刷刷头，宜以梳子代替发刷，并只梳理发丝。

(2)中性发质护理

①注意头皮保养，洗发时多进行头皮按摩，以保证血液循环良好，养分可以输送到发尾；

②定期修剪，保持秀发营养充足。

(3)干性发质护理

①用营养丰富的洗发水，无需天天洗发；

②每星期做两次焗油；

③避免曝晒在阳光下，宜用有防晒成分的护发产品和补湿产品。

(4)混合性发质护理

①集中修护发干，避免头发开叉或折断；

②停止烫发染发，修剪干枯发干，让头发得到休养；

③选用保湿型护发素，注意头部按摩；

④改善个人饮食，少食油腻食品，增加黑色食品的摄入量。

* 提示：①用符合自己发质的洗发水，买时可请教销售人员（再加上自己聪明的头脑）。②洗后先用干毛巾包住头发吸干水分，自然风干。不可用毛巾搓干，太伤头发。

二、美发

完美无缺的面部构造是很少的，绝大多数人脸部或多或少都存在着某些不足，如选择好发型，就能起到遮盖或弥补的作用，还会使你精神焕发。

1. 发型与脸型

选择发型时，首先要强调个人的脸部个性，突出脸部的轮廓，强化美的感觉。切忌一时冲动，一味模仿别人好看的发型。不要忘记，别人的脸型和你的脸型完全不同。发型的流行变幻不定，今年流行长的，明年流行短的，把女士们的头发折腾得疲惫不堪。其实发型的潮流无须追逐，使发型与自己的脸型、气质和谐地配合起来才是至关重要的。脸型与发型的关系，无论在空间的位置上，还是在相互衬托相互装饰方面，都非常密切，此中道理值得我们去认真领悟一番。

(1)发型修饰脸型的一般方法

脸型是决定发型的最重要的因素之一，而发型由于其可变性又可以修饰脸型。前者是发型与脸型的协调配合，后者是利用发型来弥补脸型的缺陷。其方法有：

①衬托法。利用两侧鬓发和顶部的一部分头发，改变脸部轮廓，分散原来瘦长或宽胖头型和脸型的视觉。

②遮盖法。利用头发来组成合适的线条或块面，以掩盖头面部某些部位的不协调及缺陷。

③填充法。利用宽长波浪发来填充细长头颈，还可借助发辫、发鬓来填补头面部的不完美之处，或缀以头饰来装饰。

(2)不同脸形与发型

①椭圆形脸。一般说来，椭圆形是标准脸型，配任何发型都适合，短发显得年轻、可爱，事业进取型的职业女性最合适;长发成熟、妩媚，适宜女性味重的打扮。通常年龄愈长，发型愈短。

因为我们的脸型会愈来愈成熟，嘴角会向下牵扯，肌肉下坠，看上去老气，因此短而上翘的发型较合适。

②四方脸。最重要的是要遮住四方的额头和宽阔的下颌，额头的波浪要柔和，下颌的头发要向内，使角度不明显。

③长方脸。最好不要露出发线，头发要短(耳朵附近为佳)，加上刘海来缩短脸长，下颌可用深色粉底的化妆来去掉角度。

④圆形脸。柔和的波浪由眼睛开始到下颌处，或留长而直的头发来增加脸的长度。要尽量避免向后梳露出脸形的发型。

⑤菱形脸。刘海要多而厚，使额头看上去宽阔些，突出的颧骨要用紧贴的头发来遮住。

⑥梨形或三角形脸。烫发是最好的方法，能使头发看上去多而卷，短发比较适合，最好不要强调下腮的宽大，发型要上大下小来平衡脸型。

⑦心形脸。头发最好要短过下巴，多而波浪形的头发集中在下颌使脸型丰满一些，宽阔的太阳穴要用头发遮住。上方的美人尖可以好好地露出来。

2. 发型与体形

你知道吗，发型与体形也有着密切的关系。发型处理得好，对体形能起到扬长避短的作用，反之就会夸大形体缺点，破坏人的整体美。具体说各种体形发型原则为：

(1)瘦高型。该种体形的人容易给人细长、单薄、头部小的感觉。要弥补这些不足，发型要求生动饱满，避免将头发梳得紧贴头皮，或将头发搞得过分蓬松，造成头重脚轻。

建议：一般来说，高瘦身材的人比较适宜于留长发、直发。应避免将头发削剪得太短薄，或高盘于头顶上。头发长至下巴与锁骨之间较理想，且要使头发显得厚实、有分量。

(2)矮小型。个子矮小的人给人一种小巧玲珑的感觉，在发型选择上要与此特点相适应。发型应以秀气、精致为主，避免粗犷、蓬松，否则会使头部与整个形体的比例失调，给人产生大头小身体的感觉。

建议：身材矮小者也不适宜留长发，因为长发会产生下沉感使人显得矮，头显得大，破坏人体比例的协调。烫发时应将花式做得小巧、精致一些。若盘头也有身材增高的错觉。

(3)高大型。该体形给人一种力量美，但对女性来说，缺少苗条、纤细的美感。为适当减弱这种高大感，发式上应以大方、简洁为好。

建议：一般以直发为好，或者是大波浪卷发。头发不要太蓬松。总的原则是简洁、明快、线条流畅。

(4)短胖型。短胖者显得健康，要利用这一点造成一种有生气的健康美。譬如选择运动式发型。此外应考虑弥补缺陷，短胖者一般脖子显短，因此不要留披肩长发，尽可能让头发向高度发展，显露脖子以增加身体高度感。头发应避免过于蓬松或过宽。

三、发型选择要有整体感

在发型的选择上要有整体感，因为修饰是一项整体工程，不能只考虑局部。例如近年来，比较流行短发，它给人比较年轻、具有活力、富有时代感的感觉，但是，选择短发，要考虑与个人的气质、服饰、年龄相匹配。比如，剪一个活泼顽皮的男仔头，却穿着一身职业女性的成熟套装，或女性化十足的裙装，非但达不到和谐效果，反而让人感觉到滑稽。发型的变换有时会比发型本身更为重要，女性改变自身形象、气质的有效方式不是服装，而是发型。发型一变，人的形象马上会明显的改观。显然，变换发型为女性塑造自己新形象的一条捷径。

＊ 提示：如果发型与要求的服装不匹配，又无法改变发型，可考虑佩戴假发。

◇ 案例

华盛集团公司的卫董事长有一回要接受电视台的采访。为了郑重起见，事前卫董事长特意向公司为自己特聘的个人形象顾问咨询，有无特别需要注意的事项。对方专程赶来之后，仅仅向卫董事长提了一项建议：换一个较为儒雅而精神的发型，并且一定要剃去鬓角。对方的理由是：发型对一个人的上镜效果至关重要。

果不其然，改换了发型之后的卫董事长在电视上亮相时，形象确实焕然一新。他的发型使他显得精明强干，他的谈吐使他显得深刻稳健。二者相辅相成，令电视观众们纷纷为之倾倒。

案例分析

这一实例说明：发型对商界人士的个人形象，发挥着重要的、不可替代的作用。有鉴于此，系统地学习一些美发的礼仪，是极为必要的。

实训

面部化妆部分，化妆的程序和过程，可让学生观看录像或光盘，直观效果很好。课余时间进行面部修饰、发型修饰的练习。

思考题

1. 仪容修饰的要求有哪几项？
2. 修饰的礼节有哪些？
3. 人的皮肤可分为哪几种类型？
4. 根据自己的实际情况，如何对肌肤进行护理？
5. 化妆的一般程序是什么？（女生回答）
6. 卸妆的一般程序是什么？（女生回答）
7. 你能在10分钟内化好妆吗？（女生回答）

8. 人的发质有哪几种类型？

9. 头发的护理要注意哪些方面？

10. 为什么说选择发型不能一味的去赶时髦？

11. 如何根据环境和气氛进行修饰？

12. 你在美容护肤、护发美发方面有什么小窍门，能说出来“资源共享”吗？

第三章 体姿礼仪

◇ 案例

有一位美国华侨，到国内洽谈合资业务，谈了好几次，最后一次来之前，他曾对朋友说："这是我最后一次会谈了，我要跟他们的最高领导谈，谈得好，就可以拍板了。"过了两个星期，他又回到了美国，朋友问："谈成了吗?"他说："没谈成。"朋友问其原因，他回答："对方很有诚意，洽谈得也很好，但是那个跟我谈判的领导坐在我的对面时，不时地抖动着他的双腿，我觉得还没有跟他合作，我的财都被他抖掉了。"

第一节 站 姿

一、站姿要点

在社交场合，站立要讲究站势，身子不要歪靠在一旁，不要半坐在桌子边或椅背上，更不能一只脚踏在椅、凳上。站立时，人要立直，最重要的是上半身要直，尤其是腰部。双肩要平，下巴后缩，让一切变化都在脚部。腹部要往后缩才不至于凸出，否则很不雅观。但注意不要让臀部蹶起，不能塌腰弓背。两手自然下垂，两脚踏平，两脚间的距离至少要八寸。尤其在师长面前站立更应注意站直。长久站立时，则将全身的重量交互落在左右脚上不易感到疲劳。优雅的站立姿势有这样几个要点：

1. 头摆正，颈部、脊椎都要挺直，下巴颏微微往里收，使之和地面平行。你要感觉好像有一根线从头顶穿到脚底，并且有人在头顶向上提，这样你就自然站直了。

2. 挺胸收腹，肩部放松，两脚跟并拢，这一点女孩要特别注意。

3. 站立时手往哪儿放？这是很多人都发愁的问题。实际上很简单：双手伸直自然下垂，放在身体两侧。女士可以双手相叠，轻轻地放在身体前面

（胃部或腹部），男士可以放在身体后面。男士站立时喜欢两脚稍稍分开，但要注意之间的距离不能超过一脚。在正式场合站立时，男士不要双手插在裤袋里，也不要双手交叉抱在胸前。这种姿势容易给人傲慢的印象。女士站立时要注意不要摆玩衣角、发梢、背包等物品，这种姿态显得小气、拘谨，给人一种怯生生的印象。最好不要靠着物品站立。在酒会上，男士一手端酒杯、一手插在裤袋里，也显得比较优雅。

二、站姿训练

1. 顶书训练。把书本放在头顶中心，为使书不掉下来，头、躯体自然保持平稳，否则书本将滑落下来。这种训练方法可以纠正低头、仰脸、晃头及左顾右盼的毛病。

2. 背靠背训练（或靠墙训练）。两人一组，背靠背站立，两人的头部、肩部、臀部、小腿、脚跟紧靠，并在两人的肩部、小腿部相靠处各放一张卡片，不能让其滑动或掉下。靠墙训练是指受训者的后脑勺、双肩、臀部、小腿及脚后跟都紧贴墙壁，站立练习。这种训练方法可使受训者的后脑、肩部、臀部、小腿、脚后跟保持在一个水平面上，使之有一个完美的后身。

3. 对镜训练。面对镜面，检查自己的站姿及整体形象，看是否歪头、斜肩、含胸、驼背、弯腿等，发现问题及时调整。

站姿训练每次应控制在 20 ~ 30 分钟，训练时最好配上轻松愉快的音乐，用以调整心境，既可以防止训练的单调性，又可以减轻疲劳感。

当然，保持良好的站态须借助于平时注意参加体育锻炼，尤其是参加较正规的形体训练。

第二节　坐　姿

一、坐姿要点

社交场合，不仅要求站有站相，而且要求坐有坐相。在当今社交场合中，落座时的动作要轻而缓，落座要保持上身的正直，不要含胸驼背，给人以懒散的感觉。当与对方坐着谈话时，除了表示尊重而稍微侧身谛听以外，最重要的是手的摆法。通常可以把双手轻搭沙发扶手上，但不可以手心朝上；也可以双手相交，放在腿上，但不可交得超过手腕两寸。如果左手掌放在腿上，右手掌再放在左手背上，也是很雅致的。两臂屈曲放在桌上也可以。要保持身体的娴静，手脚不宜乱动。半躺半坐、摇腿、翘脚都是不雅的。

无论任何场合，两腿自然歪曲并拢，两脚并列或前后稍稍分开，显得大方雅致。切忌不要将两膝盖向外分开或脚尖朝内、脚跟朝外地坐着。若是跷起大腿坐着的话，除非是椅子较高，腿和身体的角度超过了九十度可以，否则应尽量避免。跷着腿坐着时，一脚着地，一脚悬空，悬空要尽量让脚背伸直，不可脚尖朝上。如椅子不太高，大腿和身体的角度小于九十度时，可以交小腿坐，其交法是两膝盖相齐，互相紧靠，右小腿稍向后，右脚尖靠近左脚跟外线。优雅的坐姿有这样几个要点：

1. 端庄地坐在椅子里，臀部和腰下部要接触椅背；如果是凳子，最好坐满凳面，显得沉稳大方；不要只坐三分之一的椅(凳)面，这种坐姿令人感觉你心情紧张，胆小怯懦。

2. 头要正，上身略微前倾，后背要挺直，双肩放松，自然下垂。人坐着时是比较放松的，但你也要注意挺胸收腹，这样才会显得精力充沛、富有朝气。

3. 两个膝盖并拢，脚后跟往上提，双手自然相握放在膝盖上，或椅子(沙发)的扶手上，有桌子的座位应放在桌面上。

女士应该特别记住：双腿一定要并拢，千万不能分开。并拢的双腿可以放在正前方，也可以斜斜地放在左边或右边，显得腿很长、富有美感。如果坐的时间比较长，可以把一条腿放在另一条腿上(俗称二郎腿)，但要注意架在上面的那条腿要尽量往里收，不能任意地往外跷着，两条腿的脚尖尽量在一条线上。

男士坐着时千万不要抖动双腿。这种动作的潜台词是：我很心烦，我不喜欢你的讲话，我不愿意和你交谈。不要窝着胸、蹋着腰坐着。另外，还要特别注意入座、起座都要轻柔、沉稳，不要很突然地站起来或坐下，应该兼顾左右临座。切记：管住自己的双手，无论是站着、坐着，还是在走路，双手都不能做不雅的小动作，如挖鼻孔、抠耳朵、抓头发、揪袜子，等等。万一要打呵欠，一定要低下头用手挡住，千万不能大张着嘴、昂着头、伸长脖子任意地放纵自己。据说英国有位王室成员为了管住自己的双手，当他在人前出现时永远将手放在背后，使得那些想出他洋相的记者们永远抢不到镜头。

二、坐姿训练

落座后，最影响坐姿的是人们坐下后的腿位和脚位，这是坐姿训练的主要内容。训练时要求上身挺直，腿姿优美。同时，还应进行落座、起身训练。

坐姿训练，最好是在形体训练房进行，坐在镜子前，对着镜子检查自己的坐姿。也可以在教室或宿舍内进行，同学之间互相指导纠正。训练时间每次可在20～30分钟，训练时最好配上音乐，以减轻疲劳。

第三节　蹲　姿

在日常生活中，人们捡拾地上或低处的物品时，习惯姿势是弯腰、翘臀。这种姿势是不合适的，如能恰当地采用蹲姿，将会给人留下美好的印象。

一、正确的蹲姿

当要下蹲取物时，上体尽量保持正直，两脚合力支撑身体，靠紧向下蹲。女士无论采用哪种蹲姿，都要将腿靠紧，臀部向下。举止应自然、得体、大方、不造作，才能体现出蹲姿的优美。蹲姿一般可分为交叉式和高低式两种。

1. 交叉式蹲姿。下蹲时，右（左）脚在前，左（右）脚在后，右（左）小腿垂直于地面，全脚着地，左（右）腿在后与右（左）腿交叉重叠，左（右）膝由后面伸向右（左）侧，左（右）脚跟抬起，脚掌着地，两腿前后靠紧，合力支撑身体。臀部向下，上身稍前倾。

2. 高低式蹲姿。下蹲时，左（右）脚在前，右（左）脚稍后（不重叠），两腿紧靠向下蹲。左（右）脚全脚着地，小脚基本垂直于地面，右（左）脚脚跟提起，脚掌着地。右（左）膝低于左（右）膝，右（左）膝内侧靠于左（右）小腿内侧，形成左（右）膝高右（左）膝低的姿态，臀部向下，基本上以膝下的腿支撑身体。

二、注意纠正不良的蹲姿

下蹲时要注意不要有弯腰、臀部向后撅起的动作；不要两腿叉开平衡下蹲；下蹲时不能露出内衣裤。当要拾起落在地上的东西或拿取低处物品的时候，应先走到要捡或拿的东西旁边，再使用正确的蹲姿，将东西拿起。我们在日常生活中，经常处于各种活动的状态，除了站、坐、走、蹲姿之外，其他动作的优美也是我们不可忽略的，应时刻加以注意。

第四节 走 姿

一、走姿的基本要求

1. 正确的走姿规范

标准的走姿要以端正的站姿为基础。要求行走时上身挺直，双肩平稳，目光平视，下颌微收，面带微笑；手臂伸直放松，手指自然弯曲，摆动时，以肩关节为轴，上臂带动前臂，向前、后自然摆动，以前摆35°，后摆30°为宜，肘关节略弯曲，前臂不要向上甩动；上体稍向前倾，提髋屈大腿带动小腿向前迈；正常的行走，脚印应正对前方，保持膝关节和脚尖正对前进的方向；然后脚尖略抬，脚跟先接触地面，依靠后腿将身体重心推送到前脚脚掌，使身体前移；行走线迹要成为“一条线”或“两条平行线”，步幅一般是前脚的脚跟与后脚尖相距为一个脚长(性别不同和身高不同会有一定差异)；步高(指行走时脚抬起的高度)不宜过高，也不宜过低；行走速度，男士一般为110步/分钟左右，女士120步/分钟左右。

2. 手势语的使用

行走中的手势语要求做到:简捷、大方、明了。这样才能在仪态举止方面显出挺拔、优雅、活泼、潇洒的风度。

3. 注意矫正不良的走姿

走路最忌内八字步和外八字步；其次忌弯腰驼背。走路时不大甩手，扭腰摆臀，大摇大摆，左顾右盼；双腿不要过于弯曲或走曲线；步子不要太大或太小；不要脚蹭地面、双手插在裤兜或后脚拖在地面上行走。男士的走姿应注意不要像小脚女人走路一样，一步一挪；不要像闲人一样八字步迈开，那会给人以萎靡不振的感觉。以上不正确的走姿，都会影响你的举止，应及时矫正。

二、步态美的要求

步态是一种动态的美。对步态美的要求要做到协调稳健，轻盈自然。行走中的姿态，男士要显出阳刚之美；女士要显出阴柔之美。

1. 男士的步态美

男士在工作场合，走路应挺起胸膛，显出朝气，大步向前走；双脚落地平稳而有力，不拖泥带水；双臂自然摆动，给人以充满自信感及镇定自如的气度。在悠闲时轻踱慢行，要显示出男士的一种逍遥风度。做到不慌不忙，边走边看，边与同伴谈笑风生，给人以气度不凡的姿态。

2. 女士的步态美

步态轻盈是女士行姿的基本要求，轻盈的步态如鱼翔浅底，月出深涧，美在动中有静，静中有动，给人以婀娜多姿的美感。但步态轻盈的同时要注意稳健、自然、大方，要体现出力度与弹性，不可上下摇晃，浑身扭动。女士在公共场所行走时要抬头、挺胸、收腹，上身保持正直；双臂自然下垂，协调地前后摆动于身体两侧；脚尖指向正前方，提髋、膝，迈小腿，脚跟落地，脚掌接趾推送；步幅要均匀，频率要适中，落脚的声音不可太大。另外，女士行走的步态应根据着装的特点有所区别：一般穿以直线条为主的服装显得比较庄重、大方、舒展、矫健；而穿以曲线条为主的服装则显得比较妩媚、柔美、优雅、飘逸。因此，当女士穿短裙或旗袍（以曲线条为主）时，要走成一条直线，走路的幅度不宜大，以免短裙或旗袍开衩过大，暴露太多，显得不雅。其动作要领：两脚跟前后要走在一条线上，脚尖略外开；两手臂在体侧自然摆动，幅度也不宜过大；髋部要随着脚步和身体重心的转移，稍左右摆动，使裙子或旗袍的下摆与脚的动作显示出优美的韵律感。当穿裤装（以直线为主）时，宜走成两条直线。其动作要领：应注意套装的挺拔，保持后背平正，两腿立直；走路的步幅可略大些，手臂放松伸直摆动；不要左右晃肩，扭动髋部。

三、走姿训练（一）

1. 行走稳定性练习

在保持正确的站立姿势的基础上，两臂侧平举，两手各持一碗水，练习行走者的稳定性，并及时矫正不良的走姿。

2. 协调练习

加强和巩固练习者上下肢动作的协调配合，同时结合面部表情进行练习。

3. 各种走姿练习

进行前行步、后退步、侧行步、前行左右转身步、后退左右转身步及后退转身步的动作练习。其动作规范要求如下：

（1）前行步。在向前走时，练习向来宾或同事问候时的仪态举止。动作要伴随着头和上体向左或右的转动，面带微笑，点头致意，并配以恰当的问候语言。

(2)后退步。当与他人告别时，应该是先用后退步，再转身离去。一般以退二至三步为宜。退步时，脚轻擦地面，步幅小，协调地往后退；转身时，要身先转，头稍后一些转。

(3)侧行步。一般用于引导来宾或在较窄的走廊与人相遇时。引导来宾时要尽量走在宾客的左侧前方，左髋部朝着前行的方向，上身稍向右转体，左肩稍前，右肩稍后，侧身向着来宾，保持往前两三步的距离。在较窄的路面与人相遇时，要将胸转向对方，以示礼貌。

(4)前行左右转身步。在进行中，当要向左(右)转身时，要在右(左)脚迈步落地时，以右(左)脚掌为轴心，向左(右)转体90°，同时迈左(右)脚。

(5)后退左右转身步。当后退向左(右)转体走时，以左脚先退为例，要在退二步或四步时，赶在右(左)脚掌为轴心时，向左(右)方向转身90°，再迈出左(右)脚，继续往前方走出。

(6)后退向后转身步。当后退向后转身时，以左脚先退为例，要在退一步或三步时，赶在左脚后退时，以左脚为轴，向右转体180°，同时右脚后撤移重心，再迈出左脚。以上的走姿训练，不论朝哪个方向行走都应注意形体的变化，做到先转身，后转头，再配合一些“体态语”及礼貌用语，以达到整体动作的完美。

四、走姿训练(二)

走姿训练属动态训练。不良的走姿大都积习已久，加大了训练的难度。训练时，一定要掌握要领，严格按规定要求，按步骤正规训练，如此才会收到较好效果。

1. 双肩双臂摆动训练

身体直立，以身体为柱，双臂前后自然摆动。注意摆幅适度，纠正双肩过于僵硬、双臂左右摆动的毛病。

2. 步位、步幅训练

在地上划一条直线，行走时检查自己的步位和步幅是否正确，纠正外八字、内八字及脚步过大、过小的毛病。

3. 顶书训练

将书本置于头顶，保持行走时头正、颈直、目不斜视，纠正走路摇头晃脑、东瞧西望的毛病。

4. 动态综合训练

训练行走时各种动作的协调，最好配上节奏感较强的音乐，注意掌握好走路时的速度、节拍。保持身体平衡，双臂摆动对称，动作协调。

第五节　手　势

手是传情达意的重要手段和工具。人们要善于根据现代体态语言学的研究成果，判断他人手势的真实含义，然后决定自己如何去施礼或受礼。如果对方双手自然摊开，表明对方心情轻松，坦诚而无顾忌；如果对方紧攥双拳，说明对方怒不可遏或准备“决战到底”；如果对方以手支头，表明对方要么对你的话全神贯注，要么十分厌烦；如果对方迅速用手捂在嘴前，显然他是觉得吃惊；对方用手成“八”字型托住下颌，是沉思与深算的表现；对方用手挠后脑，抓耳垂，表明对方有些羞涩或不知所措；手无目的地乱动，说明对方很紧张，情绪难控；如果不自觉地摸嘴巴、擦眼睛，对方十有八九没说实话；对方双手相搓，如果不是很冷，就是在表达一种期待；对方咬手指或指甲，如果他不是幼儿，那他在心理上也一定很不成熟，涉世不深；双手指尖相对，支于胸前或下巴，是自信的表现；对方与你说话时，双手插于口袋，则显示出没把你放在眼里或不信任。人的姿态真可谓是千变万化，每个手势都可以传达出许多信息。

下面介绍几种常见手势符号在不同国家、地区的不同含义。

1.“OK”形手势的含义

拇指和食指合成一个圈，其余三个指头伸直或略屈。在我国和世界其他一些地方，伸手示数时该手势表示零或三；在美国、英国表示“OK”即“赞同”、“了不起”的意思；在法国，表示零或没有；在泰国表示没问题、请便；在日本、缅甸、韩国表示金钱；在印度表示正确、不错；在突尼斯表示“傻瓜”；在巴西表示侮辱男人，引诱女人。

2.“V”形手势含义

食指和中指上伸成“V”形，拇指弯曲压于无名指和小指上，这个动作在世界上大多数地方伸手示数时表示二。用它表示Victory(胜利)，据说是第二次世界大战时期英国首相丘吉尔发明的。不过，表示胜利时，手掌一定要向外，如果手掌向内，就是贬低人、侮辱人的意思了。在希腊，做这一手势时，即使手心向外，如手臂伸直，也有对人不恭之嫌。

3. 食指手势的含义

左手或右手握拳，伸直食指，在世界上多数国家表示数字一；在法国则表示“请求提问”；在新加坡表示“最重要”；在澳大利亚则表示“请再来一杯啤酒”。

4. 大拇指手势的含义

在我国，右手或左手握拳，伸出大拇指，表示“好”、“了不起”等，有赞赏、夸奖之意；在意大利，伸出手指数数时表示一；在希腊，拇指上伸表示“够了”，拇指下伸表示“厌恶”、“坏蛋”；在美国、英国和澳大利亚等国，拇指上伸表示“好”、“行”、“不错”，拇指左、右伸则大多是向司机示意搭车方向。

手势是人的第二面孔，具有抽象、形象、情意、指示等多种表达功能。在使用手势时，有些地方是值得特别注视的。例如当需要伸出手为他人指示方向时，切忌伸直一根指头，这是一种没教养的典型表现；一定要将五指自然伸直、掌心向上指示方向，在社交场合，更不要用手指指点点地与他人说话，因为这不仅是对他人的不礼貌，而且简直就是对对方的轻视和瞧不起。再比如，打响指是一些人在兴奋时的习惯动作，如有这种习惯也最好改掉。有人碰到熟人或招呼服务员，常常用打响指来表示，这常常会引起对方的反感，甚至厌恶。

第六节　举止忌讳

在日常生活乃至社交场合，不少人在不经意中表现出令人难堪、别扭的动作举止，虽属小节，但却有损个人的整体形象，并会影响社交的效果，应给以足够的重视。

一、避免不雅行为

1. 忌当众整理衣裤

在社交活动前，必须穿戴整齐。特别是出洗手间前，不得匆忙，应照照镜子，检查整理好服饰，从容出来。切忌边走边拉拉链、扣扣子、擦手甩水。

2. 忌当众发出异常声音

在社交场合应尽可能避免放屁、打嗝、打呵欠、咳嗽、打喷嚏、吸鼻涕等行为。

3. 忌当众抓挠身体

当众伸舌头、挖耳鼻、揉眼睛、搓泥垢、剔牙、修剪指甲、梳理头发、抓耳挠腮等均属不文雅之行为，亦应尽量避免。

4. 忌口腔发出异味

参加社交活动前，不宜吃带有强烈刺激性气味的食物（如烈酒、咸鱼、螃蟹、葱、蒜等），如果难以避免，也要刷牙漱口，以免因口腔异味熏人，引起人们反感。

5. 忌旁若无人，动作夸张

一般而言，在公共场所旁若无人地手舞足蹈、高声谈笑、大呼小叫是一种很不文明的行为，应该避免。当然，在观看体育比赛和庆祝之类的场合，另当别论。在人群集中的地方交谈者应该低声细语，声音的大小以不干扰他人为宜。但在朋友聚会和酒宴的场合，则要避免与人耳语或窃窃私语。

6. 忌在公共场所进食

在大庭广众之下最好不要吃东西，更不要出于友好而逼人分享你的食物，也不要边走边吃。白领阶层在办公室吃零食不仅欠雅观，而且有损单位形象。

7. 忌破坏公共卫生

保持公共卫生是每个公民应尽的义务。随地吐痰，乱扔烟蒂纸屑和其他废弃物都是缺乏教养的行为。

8. 忌在众目睽睽之下随意放松自己

不要在他人面前躺在沙发里，趴在或坐在桌子上，或跷起二郎腿。走路脚步要放轻，不要咯咯作响。

二、防止冒失行为

1. 不要乱闯乱进

标有“游客止步”、“闲人勿进”之处不得擅入；非公共场所，如他人办公室、私人住宅、宿舍、工地等非经允许，不得随便进入，即使如约而至，也应先敲门得到允许后进入。

2. 不要冒犯他人的尊严

对陌生人尤其是异性不要盯视和跟踪。对老人、残疾人的动作不要模仿，这是极不文明的行为。当他人在进行私人谈话或打电话时，不可故意接近，以免偷听之嫌，更不能偷窥别人的隐私。见他人遭遇不幸，不可有哄笑之举。自己若妨碍了他人应致歉，受人帮助应道谢。

3. 不要开过分的玩笑

当与他人独处时，不得做出令人惊吓的行为，更不能乘其不备，出其洋相。只想自己开心，不顾他人尴尬，是很失礼的行为。

案例分析

阅读本章开篇案例，请说出这笔业务失去的原因是什么？

思考与练习

1. 在社交场合中优雅的站姿有哪些？请示范一下。

2. 请列举几种常用手势在不同国家的意义，并示范练习一下。

3. 正确的坐姿、站姿、蹲姿等好的礼仪规范给你的人际交往带来什么样的益处？

第四章　服饰礼仪

◇ 案例

在一次采访中，有人问罗伯特·米特查姆这样一个问题:“鲍勃，你在许多影片当中饰演过重要角色。从参加一部影片的拍摄到参加另一部影片的拍摄，你是如何适宜角色之间的巨大差异的?”此时摄像师的镜头对准了米特查姆。这时的他连眼睛也不眨一下，把香烟从嘴角移开，说:“我认为，这都是服装的魅力。”是的，服装可以美化我们的生活，烘托我们的气质，还可以帮我们进入角色。例如，一个平常人参军了，首先就要剪短头发，换上军装，这种外表的改变，使得他再走在街上时，就会或多或少地以一个军人的标准来要求自己，不敢像原来那样散漫了。相信服装的魅力吧!

第一节　服饰美

服饰是一门艺术，服饰所传达的情感与信息有时甚至是语言所不能替代的。服饰礼仪是着装人基于自身的阅历修养、审美情趣、身材特点，对服装进行精心的选择和搭配，使之适合不同的时间、地点、目的。在社交场合，得体的服饰是一种礼貌，是一种美的传递。

一、服饰所表达的语言

1. 服饰——泄露你的秘密

服饰覆盖了人体近 90% 的面积，当我们还没有看清一个人的容貌，来不及揣测对方的心理状态的时候，大面积的服饰往往已经在给人们重要的提示了。美国三位总统(卡特、尼克松、布什)的礼仪顾问威廉·索尔比这样说过:当你走进一个房间，房间里没有人认识你，或者跟你有过一面之缘，根本谈不上了解你，但是他们却可以从你的外表对你做出以下 10 个方面的推断:

你的经济水平

你的文化程度

你的可信任程度

你的社会地位

你的个人品行

你的老练程度

你家族的经济地位

你家族的社会地位

你的家庭教养情况

你是否是成功人士

2. 服饰——展示个人的立体名片

古今中外，一个人的着装从来都体现着一种社会文化，体现着一个人的文化修养和审美情趣，是一个人的身份、气质、内在素质的立体名片。服饰打扮具有明显的信息暗示功能，从服饰的颜色、样式、档次和搭配上，就可显示出一个人的性格爱好、文化修养、生活和风俗习惯。服饰打扮的作用是通过服饰显示出一个人的气质和审美情趣。有研究表明，讲究衣着打扮的人自尊心和工作责任心较强，而穿着过于随便者多半不修边幅和不拘小节。

3. 服饰——成功者的基本素养

西方的服装设计大师认为:服装不能造出完人，但是第一印象的80%来自于着装。

有人说过，那些受人尊敬的人，都是些看上去值得尊敬的人。在不同场合，穿着得体、适度的人，会增加交际魅力，给人留下良好的印象，使人愿意与其深入交往，而穿着不当，则会降低个人的身份，损害自身的形象。所以，注意着装也是每个事业成功者的基本素养。

4. 服饰帮我们进入角色

本章一开始的例子，已经告诉大家服饰可以帮助我们进入角色，所以威廉·索尔比说，我总是告诉别人这样一条规则:“伪装下去，直到你真的能够做到”。那就让我们装扮成绅士和淑女吧，直到哪一天我们真正能够做到!

另外从一个单位工作人员的着装和精神面貌，便能体现这个单位的工作作风和发展前景。现在越来越多的组织、企业、机关、学校开始重视统一着装，是很有积极意义的举措，这不仅成为一个组织、一个单位的标志和象征，同时给了着装者一分自豪、一分自我约束。

二、着装的原则

着装理论是很高深、繁杂的，我们一般人具体掌握起来也是不容易的，但我们只要掌握了着装的基本原则，就能保证减少失误。避免使自己处于尴尬境地。

1. 整洁原则

保持服饰的整齐、清洁是服饰美的首要要求，一个人不论何时何地都应该保持干干净净，整整齐齐，这也体现对自己的尊重，对他人的礼貌。如衣服沾满污渍、气味难闻、少扣开线，鞋上布满灰尘，不仅是不美，更是对自己的不尊、不敬，惹别人乜视自己。例如，前一段时间广泛讨论的，是否在公共汽车上设立“民工区”的讨论。在国外人们是很重视自我形象的，比如在修车的过程中，需去不远处小店买一个小配件，他们也会洗手、洗脸、更衣，这甚至比办正事的时间更长，也在所不惜，问其原因，一是尊重自己，以免别人乜视；二是对别人的尊重，不污染别人视觉，令别人不快。，其实上公交车前洗洗脸和手，换上干净外衣，将工作服装在兜里提着，只用10分钟能换来尊重还是值得的。

2. 应己原则

是指着装者应针对个人的性别、年龄、肤色、体形、个性、职业等因素合理着装，扬长避短，恰到好处地展示自己的形象。切忌盲目追潮流、一味模仿，那样会有“东施效颦”之嫌。

（1）性别与着装。虽然现在中性服饰流行，但在正式场合，男穿男装、女着女服，才符合礼仪着装的要求，使着装人显得庄重、礼貌、有教养。

（2）年龄与着装。着装时应考虑自己的年龄。青少年着装则着重体现青春气息，朴素、整洁为宜，清新、活泼最好。青年人的着装要恰到好处地衬托出青春气息，清纯、明快、简洁、易于活动，少女就应力求显示青春、清纯，不当的艳丽着装会让人感觉像个“小妇人”，白白浪费大好青春。青春自有三分俏，请记住青春的感觉是最美的，也是短暂的。中、老年人的着装则要注意庄重、雅致、整洁，体现出成熟和稳重，对衣着的要求更高，讲究裁剪、做工与质料，增强个人质感。中国传统穿衣观念偏保守，有点年纪的人就不修边幅，是大错特错的。在欧洲的街头，时常可以看到一些中老年人穿着优雅，戴着各种式样的礼帽，披着披肩，将自己装扮得高贵典雅、整齐舒适，韵味十足，真是养眼呀。对中老年而言，发型和服装最好走极简风格，愈简单愈好，易暴露弱点的服饰最好敬而远之，譬如短裙、低腰裤、紧身衣，七分裤容易压低身材比例，建议少穿。

(3)肤色与着装。着装时要考虑到自己的肤色，这对着装是否成功起着至关重要的作用。

肤色白皙者，令很多人羡慕。这样的肤色选择服装时范围较广。如穿淡黄、淡蓝、粉红、粉绿等淡色系列的服装，都会显得格外青春，柔和甜美；如穿上大红、深蓝、深灰等深色系列，会使皮肤显得更为白净、鲜明、楚楚动人。

肤色偏深者，一般来说还是以浅色调为佳，如选用湖蓝、浅红、浅灰等颜色，可以别具风韵，而不宜选择深暗色彩，如黑色、深灰、深紫、深红等色。

肤色偏黄者，宜选择浅色柔和色调，如白色、中灰、浅蓝、粉红等色，不宜穿黄色、墨绿、深紫、紫红等与黄色近似或对比系，那会使肤色显得更黄，没有生气。

技巧一:亚洲人是黄种人，因而多数人皮肤呈黄色，穿衣受限制。但这更多指的是脸色，最简单的办法，就是利用化妆来修整肤色，使自己适合多种颜色。

技巧二:大多数人的肤色属中间混和型，所以颜色搭配没有绝对性的原则，重要的是在着装实践中找到最适合自己的搭配颜色。有些颜色是很难表达清楚的，最直接的方法是，别怕麻烦，在选择服装时，各种颜色尽量都试一下，选出最佳。

总之，服装应该是对人的气质的烘托，肤色的美丑是没有绝对标准的，国际上近年流行健康的棕色肤色，这种健康美很有吸引力，所以肤色与服色成功的搭配才是美的真谛。

(4) 体形与着装。着装要考虑自己的体形，重点是扬长避短。环视我们周围的人群，体形一般的，或多少有一两处缺点和不足的人随处可见。由此看来，我们大可不必为自己体形上某些不足而遗憾，正视这种人类的普通现象，不断研究服装与体形的互补关系，通过服装来改善和调节人体外在形象，改善自己体形的不足或缺陷，才是解决问题的根本所在。

体瘦者在穿衣上应选择米白、橙黄等具有扩张感的浅色系，也可用两种对比色调来对体型进行夸张。款式上宜选择不暴露身体的有领有袖的衣服，也可在服装上饰以花边，订上皱褶，装上泡袖，以给人视觉上的膨胀感。面料上宜选择不贴身的厚料子，从而掩饰过分瘦削的身材。

体胖者穿衣时，应选深褐、墨绿、蓝灰等深而多光泽的颜色，由于此类色彩可以在视觉上给人以收缩之感，从而令体胖者显瘦。体胖者的服装款式应尽量简洁雅致，切忌花色繁多或宽松走形，图案以碎花直纹为宜。在腰身的处理上强调适当收腰，开低领口，切忌选择窄小领型。身材矮胖、颈粗圆脸者，宜穿深色低“V”字型领，此种领型显得脖子长。

如果对自己的腿形不甚满意，就不要穿短裙子，胳膊粗少穿无袖装，臀大忌穿短上衣。腿形不好不要穿紧身裤。腿短的女性，穿裙子是最好的选择，另外穿剪裁合体、材质挺括的直筒裤，裤子长及脚面，配高跟鞋可造成腿长的视觉效果。

另外不同的服装面料，对人体的表现效果也不同，厚、挺、硬的面料，因其造型性强，对人不良的体态可以起掩饰和修饰作用，而形体较好者选用软、轻、飘等面料做服装，则能更显人的体态美。

(5)个性与着装。现代人的服饰呈现出越来越强的表现个性的趋势。着装的个性化原则，主要指适应个人的性格、年龄、身材、爱好、职业等要素着装，力求反映一个人的个性特征。选择服装因人而异，着重点在于展示所长，遮掩所短，并在此基础上创造和保持自己独有的风格，显现独特的个性魅力和最佳风貌。即在不违反礼仪规范的前提下，在某些方面可体现与众不同的个性，切勿盲目追逐时髦。随着个性解放和审美情趣的提高，服饰的个性化、时尚化已成为社会潮流，这又意味着人类通过服饰表达生活品位和审美情趣的愿望更加强烈。

3. TPO 原则

着装要规范、得体，就要牢记并严守 TPO 原则。T、P、O 分别是英语中时间(Time)、地点(Place)、目的(Object)三个单词的缩写。“T”指时间，泛指早晚、季节、时代等;“P”代表地点、场所、位置、职位;“O”代表目的、目标、对象。TPO 原则是目前国际上公认的衣着标准。着装遵循了这个原则，就是合乎礼仪的。

(1)时间。时间因素中的时代是指穿着打扮要符合当代社会的要求，过分超前和过分落伍，都会被认为是不合时宜的。一年有春、夏、秋、冬四季的交替，穿着打扮应该随着季节的变化而变化。在冬天不必为了显示自己的体型，而穿得过于单薄，这不但容易受冻生病，也易给他人带来不协调之感。一天有早晨、白天、晚上不同时间的变化，着装的类别、式样、造型也应因此而有所变化。比如，白天上学或上班穿的衣服需要面对他人则应穿得整洁得体，适合自己的年龄和身份，以及工作性质。早晚在家可以穿得舒适、随便些。

（2）地点。地点因素也称环境因素，指穿着打扮应与周围的环境相协调。如果是学生，却打扮得花枝招展去上学，一定与学校这个环境不协调，不协调的事物又哪来的美感？相反，如果有机会迈入豪华气派的宾馆饭店，别忘记配上相适应的华贵服饰。婚纱是美的，可穿着婚纱逛街买菜，一定会被误认为脑筋有问题。泳装是暴露的，穿泳装出现在海滨、浴场，大家认为是正常的，但若是穿着它去上班、逛街，则非令人哗然不可。家庭生活中，着休闲装、便装更益于与家人之间沟通感情，营造轻松、愉悦、温馨的氛围，但不能穿睡衣拖鞋到大街上去购物或散步，那又是不雅和失礼的。置身在室内或室外，身处于单位或家中，驻足于闹市或乡村，停留在国内或国外，在这些不同的地点，着装的款式要求理所当然要有所不同，尽量不要以不变应万变。

场合因素指穿着打扮在不同的场合有不同的要求，有的是出于礼仪的需要，有的是为了气氛的协调。喜庆宴席，特别是婚礼寿宴，你可以大胆地穿得鲜艳些；丧礼奠仪，你必须素服裹身，以示悼念。

（3）目的。从目的上讲，人们的着装往往体现着其一定的意愿。即自己对着装留给他人的印象如何，是有一定预期的。着装应适应自己扮演的社会角色。现代心理学家提出了“印象管理”这个概念，“印象管理”指的是，为控制自我在社交过程中留给他人的印象，所采取的战略与技巧，简单地说就是控制留给他人的印象。服饰是“印象管理”的有效工具和表达物，你应该重视印象管理，把学会塑造和控制印象当作人生中重要的一件事。例如，应聘时想给招聘单位留下一个什么印象？一个人身着款式庄重的服装前去应聘新职、洽谈生意，说明他郑重其事、渴望成功。而在这类场合，若选择款式暴露、性感的服装，则表示自视甚高，对求职、生意的重视远远不及对其本人的重视。

总之，只有得体的穿着，才能真正体现出你的修养，才能在社会生活中游刃有余。

4. 三色原则

是指着装时要有意识地将服装的颜色控制在“三色”之内。服装的颜色，是服饰搭配成功与否的关键。全身一色可以，两色不少，最好不要超过三种颜色，而且以一种颜色为主色调，颜色太多则显得乱而无序，不协调，让人有眼花缭乱、品位不高的感觉。

5. 整体性原则

着装是一项整体工程，正确的着装，能起到修饰形体、容貌等作用，形成和谐的整体美。服饰的整体美构成，包括人的形体、内在气质和服饰的款式、色彩、质地、工艺及着装环境等。服饰美就是从这多种因素的和谐统一中显现出来，要求着装的各个部分相互呼应，精心搭配，特别是要恪守服装本身及与鞋帽之间约定俗成的搭配，在整体上尽可能做到完美、和谐，展现着装的整体之美。美容大师克莱尔·玛娜有一个著名的公式：

3 分姿色 + 1 分化妆 + 2 分服装 + 2 分首饰 + 2 分手袋 = 10 分美人

可见，整体协调才为美。

总之，服饰的美应是多元化的，不同时期、不同环境、不同素质的人用相同的服装修饰出的美并不一样，但只要不破坏人与衣的和谐美，不破坏衣与环境的和谐美，只要衣饰符合社会的审美观，朴素淡雅是美，富丽堂皇也是美，雍容华贵能称美，标新立异也为美。让我们用心去装扮，充分掌握属于你自己的服饰美。

第二节　男士服饰礼仪

现在，我们无论身处何地，都可以观察到男士们在生活方式改变的同时，在服饰方面也越来越讲究。现今的男士已经懂得不能穿得寒酸、滑稽，但有些细节仍然被忽略。生活中常可见到某些男士上穿崭新西装，却露出层层叠叠的内衣领，下面穿着已经没有裤线的西裤和布满灰尘的皮鞋。西裤没有笔挺的裤线、衬衫衣领不洁，即使是名牌也会有损你的形象！男士的着装与搭配，在每个年龄层都需要加以修练。

一、男士着装

1. 西装

西服以其设计造型美观、线条简洁流畅、立体感强、适应性广泛等特点而越来越深受人们青睐，几乎成为世界性通用的服装。一套合体的西服，可以使着装者显得潇洒、精神、风度翩翩。西装的选择和搭配是很有讲究的。选择西装既要考虑颜色、尺码、价格、面料和做工，又不可忽视外形线条和比例。西装不一定讲究料子高档，但必须裁剪合体，整洁笔挺，不易起褶。那么，怎样穿西服才算得体呢？这就需要从以下几方面注意：

(1)穿对西装。西服有二件套、三件套之分，套装要求上下装面料、色彩一致，二件套西装再加上同色同料的坎肩就成为三件套西装，三件套的上衣都是单排扣的。裤子的长度要盖住皮鞋鞋面，要熨出裤线。

在正式场合，如参加会议、庆典、仪式、盛宴、谈判、外事等庄严隆重的活动时，应穿正装，即同质、同色的颜色素雅的套装。正装的色彩，一般应为单色、深色。最标准的套装色彩是蓝色、灰色、棕色和黑色。套装如作正式交际场合的礼服用，色调应比较深，最好用毛料制作。一套高档西装是必不可少的！两件套西服在正式场合不能脱下外衣。

在社交场合(半正式场合)，如聚会、拜访、宴请、舞会、音乐会等，可穿色调比较浅一些的西装。

休闲场合(非正式场合)，如外出游玩、购物等，如穿西装，最好是穿单件的上装，配以其他色调和面料的裤子。

(2)穿好衬衫。衬衫以单色为好，白色衬衣配各种颜色的西服效果都不错。衬衫领子要挺括、整洁、无皱折，系好领扣(如不打领带，可不扣领口)衬衫的领口大小以扣上领口扣子以后，自己的食指能上下自由抽进为宜。衬衫下摆要塞进西裤里。系好袖扣，不得翻起，衬衫衣袖要稍长于西装衣袖0.5~1厘米，领子要高出西装领子1~1.5厘米，以显示衣着的层次，也可以起到保护西装的作用。无须打领带时，衬衫领口应敞开，以免让人误以为忘打领带了。

(3)打好领带，戴好领带夹。领带应处在领间"V"字区的中心，领带的领结要饱满，与衬衫的领口吻合要紧凑，领带的长度，以打好后下端正好触及皮带扣为准，领带的内页应短于外页。如穿坎肩、羊毛衫等，领带应位于其内侧。

领带夹可用可不用，如要用的话，以七粒扣衬衫为例，一般夹在自上而下数第四粒与第五粒扣子之间为宜，西装系好钮扣后，使得领带夹不致外露。

(4)用好衣袋。西服上衣的口袋只作装饰用，不可装其他物品，否则会使西服上衣变形。西服上衣左胸部的衣袋只可放装饰性手帕。有些物品，如票夹、名片盒可放在上衣内侧衣袋里或随身男包里，裤袋亦不可装物品，以求臀位合适，裤形美观。走路时，也不要把双手插在西装上衣或裤子口袋内。

(5)系好钮扣。西装有单排扣、双排扣之分，双排扣的西服要把钮扣全部系上，以示庄重。单排两粒扣，只系上面一粒钮扣，三粒扣则系上两粒或中间一粒，在较正式的场合，一般要求把上面的扣子系上，在坐下的时候应该解开。按西方的礼仪，只系上面的扣子是正统，只系下面的扣子是流气，两粒扣子都系上是土气，全都不系则是潇洒。

(6)穿好皮鞋，配好袜子。俗话说，西装革履，穿西服一定要配皮鞋。男士皮鞋的颜色以黑色、深咖啡或深棕色较合适，白色皮鞋除非穿浅色套装在某些场合才适用。黑色皮鞋适合于各色服装和各种场合。不能穿旅游鞋、轻便鞋或布鞋、露脚趾的凉鞋。皮鞋要常擦不能有灰尘。

正式社交场合，男士宜着深单一色线织中筒袜，黑、蓝、灰都可以。切忌穿白色袜子和色彩鲜艳的花袜子、半透明的尼龙或涤纶丝袜，或穿过短的袜子跷腿时露出皮肤。

2. 礼服

在许多国家里，在出席隆重的社交活动时，有要求人们穿礼服的习俗。不用担心，在正式请柬上，会对本次活动所要求穿着的礼服作特别的说明。例如国际上有许多重大仪式，如诺贝尔奖授奖仪式就要求穿燕尾服等。

我国没有正规的社交礼服，目前的做法是，在需要穿礼服的场合，男士穿着深色中山装或西服套装，也可以穿庄重的民族服装。穿中山装时，所有衣扣都要系上，特别上衣领口处的风纪扣一定要勾上。与穿西装一样，衣服的口袋里尽量别装东西。

3. 休闲服

休闲服装是指在休闲场合所穿的服装。所谓休闲场合，指的是个人自由活动场合。就是人们在公务、工作外，置身于闲暇地点进行休闲活动的时间与空间。如居家、健身、娱乐、逛街、旅游等都属于休闲活动。穿着休闲服装，追求的是舒适、方便、自然，给人以无拘无束的感觉。

适用于休闲场合穿着的服装款式，一般有家居装、牛仔装、运动装、沙滩装、夹克衫、T 恤衫等。男式西服也可以做成休闲装，做男式休闲西服，面料有小格子薄呢、灯心绒、亚麻、卡丹绒等，式样大多数为不收腰身的宽松式，背后不开叉，有的肘部打补丁，有的采用小木纹钮扣等等。

二、男士饰品

1. 领带

领带是西装的灵魂，是男士着西装时最重要的饰物，也最能显示男人的品位。

(1)领带的选择。真丝可以说是最好的领带面料，其次是仿真丝的化纤面料，或者是真丝与化纤混纺的面料，这些面料最为合适。再次是纯毛面料，最后是纯棉面料。

俗话说，女人的衣橱里总少一件新衣服，那么套用一下就是，男人的衣橱里总少一条新领带。一般的男性都应为自己准备几条领带，特别是当连续几天穿白色衬衫时，领带的更换变得尤为重要。需要经常穿西装的你至少要有6条不同的领带，每天换一条。选择领带时，采用知名与不知名品牌参半的方法，这样既省钱又能取得好效果，但一定要保证有两条优质的。可选些众所周知的名牌，也可以选择一些质地、做工优秀又花钱不多，还能感觉很贵的领带。

西装、领带、衬衣三者的色调应该是和谐的，而领带是三者中最醒目的。领带的一般配色原则应与外衣同色系，这样较和谐、得体、庄重；领带的主色调一定要与衬衫有所区别。但领带选择与外衣同色系时，颜色要比外衣更鲜明。单色、条纹、圆点、细格、规则图案，都是最常规的选择，一般应有蓝色、棕色、栗色、灰色领带。穿礼服时领带颜色尽可能庄重些，像大花图案、色彩斑斓的就不合适。还要注意根据自己的身材，选择领带的长短、宽窄。

(2)领带的扎法。领带的扎法有好几种，领带结的基本要求是，挺括、端正，形状呈倒三角形。原则是，衬衣的领角越大，领带结扎得越大；领角越尖，领带结扎得越小；领角适中，相应领带结也扎得适中。

具体的扎法：

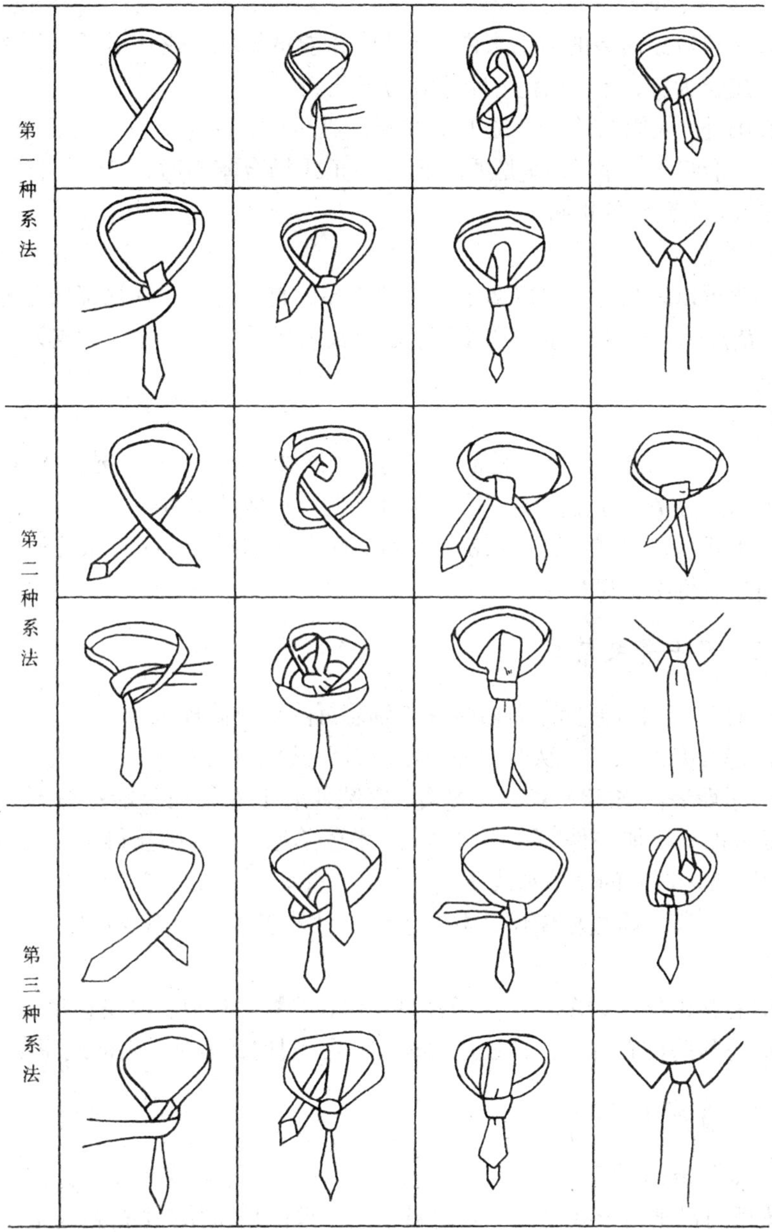

扎领带就是个熟练过程，没啥神秘的，掌握正确的方法，多练习几次，边练边琢磨，留多长、扎多紧，正好达皮带扣，很有成就感的！不信试试！

2. 皮带、皮鞋、皮包

公文包对穿西装的男士来说，是非常重要的饰物，缺它不可。公文包的选择以皮包为宜，并以黑色、棕色最为正统。

在国外，人们在评价一位男士的服饰品位时，往往要看他是否遵守“三一律”。所谓“三一律”，就是要求男士在正式场合露面时，应当使自己的皮包、皮带、皮鞋颜色相同。

3. 手表

手表可以说是男士可以佩戴的为数不多的首饰之一。在社交场合佩戴手表，通常意味着作风严谨、时间观念强。戴名贵手表，有时也会成为身份的象征。

4. 首饰

在金银首饰方面，男士是很省事的，可佩戴的只有婚戒，男士佩戴婚戒，会给人以重感情、有责任感、可信赖的感觉。其他的要戴也是画蛇添足，特别是在正式场合佩戴粗链型项链、手链、硕大的戒指等，向别人传递的是低俗的信息。得不偿失！

三、男士着装禁忌

1. 忌带着袖口商标。新西装穿前别忘拆除袖口商标。

2. 忌复杂的领口。从衬衫领口不应看到其他内衣领口。

3. 忌西装内内容太多。按习俗，正装西装上衣里面只能穿衬衫。在我国，至多也只能加一件“V”字领单色、素色羊毛衫，否则显得十分凌乱、臃肿，以致破坏西服的简洁和线条美。

4. 忌领带打得松松懈懈、歪歪扭扭。另外正式场合不要用“一拉得”式领带。

5. 忌腰带挂件太多。正式场合男士钥匙等物尽量放在随身包里。

6. 忌显眼的首饰，衣服敞开、露出胸毛，过时的发式，头油或摩斯太多。

四、着装小技巧

1. 如何显高

提醒自己把衬衫或是T恤扎进裤子里。理由是，当你把衬衫或是T恤拉到裤子外面只会延长上半身的线条，相对的腿就显得短了。

别让上衣或外套长度超过臀部。

穿较为合体的衣服，这样具有拉长线条的效果。

可以选购斜细条纹领带，以此让身材看起来高一些。

2. 过高而使整个身材比例显得不协调的人

不要穿太过合身的衣服，除非你想看起来像根竹竿立在那里。

在休闲的场合里把上衣、衬衫或是T恤拉到裤头外面来，以截断视觉的延长效果。

尽量挑选颜色浅及柔和的色调搭配。

第三节　女士服饰礼仪

明末清初的文人李笠翁对女子着装的论述可谓精辟："妇人之衣，不贵精，而贵洁；不贵丽，而贵雅；不贵与家相称，而贵与貌相宜。"男士可以一身西服打天下，女士的着装就可以用丰富多彩来形容了。令人眼花缭乱的款式和色彩，丰富了女性的生活，也给着装带来了难度，对女士着装品位提出了更高要求。

一、女士着装

1. 隆重的正式场合

在隆重的正式场合，国外要求穿礼服，显得雍容高贵。但在我国目前无此要求和习惯，如真按要求穿上袒胸露背的晚礼服，或许因独树一帜令你尴尬。所以按我们的习惯，女性按季节与活动性质的不同，可穿西服（配着西裤或裙）、民族服装、中式上衣配长裙或长裤、旗袍、连衣裙等；夏季也可穿长、短袖衬衫配长裤或长裙。

2. 悲伤场合

参加葬礼或者吊唁活动，女性着深色服装，内穿白色或暗色衬衣，不用花手帕，不抹口红，不戴装饰品。

3. 求职谈判场合

应聘者在前去求职面试时，务必使自己所选择的服饰传达出这样的信息：谨慎大方、精明能干、办事认真可靠。服饰的选择无一定之规，应根据自己的身高、体形、气质全面考虑。一般说来，职业女性以深色制服、套裙、套装、连衣裙较为合适，其中尤以西式套裙、套装为佳。得体的服饰有助于你在心理上产生初步的自信。

4. 涉外场合

特别注意在国际交往中，裙装是正装，而裤装是便装或者工作服，所以你看讲究的职业妇女，或者有身份的女士出来时都是裙装。在有些国家女士去教堂必须穿裙子，着裤装是不允许进入的。

二、女士饰品

1. 实用性饰品

（1）鞋。俗话说："鞋袜半身衣。"就是说，光有好看的衣着是不够的，还要配上合适的鞋袜，女士在正式场合配套装、裙装、旗袍时，穿中、高跟皮鞋显得和谐，皮鞋要上油擦亮。正式套装则必须穿皮鞋。女士皮鞋以黑色、白色、棕色或与服装颜色一致或同色系为宜。虽说黑色皮鞋是万能的，能与所有颜色的服装搭配，但有时同色系才是最佳搭配。注意，再漂亮的露脚趾的凉鞋，也不适合在正式的场合穿。

（2）袜。在隆重的正式场合，女士应穿长统丝袜或裤袜，袜子的颜色以透明近似肤色的最好，深色或花色图案的袜子都不合适。袜口不能露在衣裙之外，长筒丝袜口与裙子下摆之间不能有间隔，露出一部分腿，那很不雅观。平时夏天穿裙子穿凉鞋的话，可以不穿袜子或穿薄长筒丝袜，切忌穿短丝袜。

（3）包。我们常用的包只有两三个。包太多了，管理起来也麻烦，频繁地换包，常会令你有忘带物品之感。因此你选择这两三个包时，要用点心思。

一个是大和结实一点的手提包，要求是必须实用，上下班和工作时间用的，甚至可以放文件；第二个包是中等大小的包，要求是实用并时尚，逛街、访友等时间用；第三个是一个小巧考究的手提包，要求档次要高，里面只放少量的化妆品、钥匙、钱等物品，这是你穿上讲究的服饰，出席正式场合时用的。

2. 装饰性饰品——首饰

首饰，原先是指戴在头上的装饰品，现在则泛指各类没有实际用途只用于装饰的饰物。由于其装饰作用十分明显，因而受到社会各界，尤其是广大妇女的青睐。

在较为正规的场合使用首饰，务必要遵守其使用原则。这样做的好处是，既能让首饰发挥其应有的美化、装饰功能，又能合乎常规，在选择、搭配、使用之中不至于由于不了解原则，令自己难堪。

（1）以少为佳原则。戴首饰时数量上的原则是以少为佳。下线为零，可以一件首饰也不戴。若有意同时佩戴多种首饰，其上限一般为三，即不应当在总量上超过三种。

（2）色彩质地一致原则。戴首饰时力求同质、同色。若同时佩戴两件或两件以上首饰，应使其色彩、质地一致。戴镶嵌首饰时，应使其被镶嵌物的质地一致，托架也应力求一致。应使其主色调保持一致。这样作的长处，是能令其总体上显得协调一致，不凌乱。

（3）与身份相符原则。戴首饰时，要令其符合身份。选戴首饰时，不仅要照顾个人爱好，更应当使之服从于本人身份，要与自己的性别、年龄、职业、工作环境保持大体一致。职业女性工作时间不要戴过于夸张的首饰。另外还须注意，高档饰物，尤其是珠宝首饰，多适用于隆重的社交场合，特别是盛装时佩戴，那样才协调，但不适合在工作、休闲时佩戴。

（4）扬长避短原则。戴首饰时，要使首饰为自己扬长避短。避短是其中的重点，扬长则须适时而定。手型不是太好看，就不要戴过于显眼的戒指，以免吸引别人目光。佩戴项链应和自己的年龄及体型协调，如果脖子细长，可以戴那种紧贴脖子的项链，脖子粗的人就需要戴长长的项链，使你的脖子看上去显得长一些。佩戴耳环应根据脸型特点来选配，如圆形脸不宜佩戴圆形耳环，因为耳环的小圆形与脸的大圆形组合在一起，会加强“圆”的信号；方形脸也不宜佩带圆形和方形耳环，因为圆形和方形并置，在对比之下，方形更方，圆形更圆。

（5）整体搭配原则。佩戴首饰，应视为服装整体上的一个环节。要兼顾同时穿着的服装的质地、色彩、款式，并努力使之在搭配、风格上相互般配。例如：身着柔软、飘逸的丝绸衣衫裙时，宜佩戴精致、细巧的项链，显得妩媚动人；穿单色或素色服装时，宜佩戴色泽鲜明的项链，这样，在首饰的点缀下，服装色彩可显得丰富、活跃。项链与领口形状避免重复，如穿“V”字领的衣服，项链应为圆环型，高领毛衣外的项链应为“V”字型。

（6）习俗规则。戴首饰时，要遵守习俗。不同的地区、不同的民族，佩戴首饰的习惯做法多有不同。对此一是要了解，二是要尊重。如戒指的佩戴可以说是表达一种沉默的语言，往往暗示佩戴者的婚姻和择偶状况。戴戒指时，一般讲究戴在左手上，而且最好仅戴一枚。如果想多戴，至多可戴两枚，只有新娘方可例外。戴两枚戒指时，可戴在一只手上两个相连的手指上，也可以戴在两只手对应的手指上。戒指，一般拇指不戴，食指戴戒指是想找对象——求爱；中指戴戒指已经有对象了——热恋；无名指戴戒指表示名花有主——订婚或结婚了；小拇指戴戒指表示是独身主义者——请别烦我。

三、女士着装禁忌

1. 在正式场合，忌穿过露、过透、过短和过紧的服装。要求着装要符合本国的道德传统和常规做法。身体部位的过分暴露，不但有失自己身份，而且也失敬于人，使他人感到多有不便。

2. 忌穿后开叉裙装和在走路、骑车时露出丝袜里衬的彩色秋裤。那你最好买两条深棕色高弹力保暖裤和加厚长筒袜，就可以穿得又好看又暖和了。此方法只适合腿偏细的人，腿粗的人冬季着裙装还是配长筒靴好看。

3. 忌穿有破洞的丝袜。穿有明显破痕的高筒袜在公众场合总会令人感到尴尬，不穿袜子也比穿破损的裤袜强。可在办公室或皮包内存放备份，以在脏污、破损时及时更换，避免尴尬。

4. 忌女性穿职业套装却配双肩背包。

5. 忌穿着时装去郊游。这样会带来很多不便，影响自己和别人的游兴。

第四节　气质、风度与礼仪修养

一、气质与风度

在人际交往中，人们常常用“气质好”、“气质高雅”、“真有风度”、“真是风度翩翩呀”，这样模糊其意的话来评价对某个人的总体的良好印象，似乎正是这种模糊性才体现出较高的概括力。然而，一旦要把这个具体的感觉用抽象的概念作解释，就变得难以表达了，大有“只可意会而不可言传”的味道。气质一词虽源于心理学，但又不完全同于心理学解释。风度也有多种解释。其实，我们通常所说的气质、风度，是指人的内在美与外在美的和谐统一，是一个人德、才、学识诸方面修养在行为上的外化，从而产生了一种使人妙不可言的美好感觉。要提高一个人的气质、风度，应从礼仪修养入手。

二、礼仪修养的意义

礼仪修养是指一个人在待人接物方面的素质和能力。

一个人只有具备良好的礼仪修养，才能真正在社交中展现出良好的自我形象。谁都希望自己在社交中谈吐文雅，举止大方，彬彬有礼，风度翩翩，给人留下良好的印象。但礼仪绝不仅是一种外在的表现形式，它体现一个人对他人和社会的认知水平、尊重程度，是一个人学识、修养和价值观的外在表现。

社交礼仪的行为和习惯，不是先天就有的，而是后天培养形成的，每一个人都可以通过自己的努力学习、不断的磨练而具备良好的礼仪修养。

三、礼仪修养的途径

1. 加强道德修养

道德是一定社会调整人们以及个人与社会之间相互关系和行为规范的总和。

有德才会有礼，缺德必定无礼，修礼必先修德，道德是人们共同生活和工作的行为准则和规范，也是礼仪的基础。在人际交往中，要做到彬彬有礼、豁达大度、诚心诚意地待人，而不是摆样子，就必须以道德修养为基础。

良好的道德修养要靠日常养成，人的行为在很大程度上取决于他的习惯。透过一个细微的习惯，往往能分析一个人的道德或文明的程度，例如乱抛污物，有人会说找不到垃圾箱，但是，一个有良好习惯的人的做法是，找不到垃圾箱就拿在手上而不是抛在地上。良好的道德行为习惯，能使品德从内心出发，道德习惯是道德行动自动化的过程，一个人良好道德品质的形成最终必然落实到优良的外在行为上，而不会是“语言的巨人、行动的矮子”！一旦养成道德习惯，即使没有强烈意志的参与，良好的道德行为也会自动的出现，这就是习惯成自然。记住那句老话吧：“勿以恶小而为之，勿以善小而不为。”（意思是说，坏事即使微小也绝不要干，好事即使细微也一定要做。）一个人如果能自觉地加强道德修养，不断地完善自己，礼仪修养必会随之提高。

2. 学习礼仪知识，提高礼仪素养

礼仪是一门融理论性和实践性为一体的学科，也是一门“知易行难”的学科。也就是说，培养礼仪修养，必须学习一定的礼仪理论知识，礼仪知识没有难理解的内容，但必须用心领会，注意积累；学习礼仪更要做到学以致用，养成习惯；礼仪在生活中无处不在，虽然理论并不难理解，可是要把礼仪知识自觉地、熟练地、恰到好处地运用，就不是很容易的事情了；这就需要在平时的与人交往中，以礼相待，大胆施礼，例如，一开始主动向人问好，可能会不好意思、不自然，但不要退却，很快就会适应。无论何时何地都要严于律己，只要长期坚持下去，礼仪的素养和技能就一定会达到理想的境界。

3. 广泛涉猎科学、文化知识，加强艺术修养

文化水平与人的素质息息相关。腹有诗书气自华，有教养的人大都是懂科学、有文化的人。一个人应自觉学习科学、文化知识，增加社交“底气”，才能使自己在社交场上潇洒自如。

加强艺术修养，培养高雅的气质。艺术作品积存着丰厚的民族文化底蕴，更凝聚着艺术家的思想、人生的态度和道德观念。每个人都应尽可能多地接触内容健康、情趣高雅、艺术性强的作品，使自己真正得到艺术上的熏陶，能够厚积薄发，从而培养自己的好口才；通过形体训练，得到形体的节奏感和韵律感；还要有丰富的面部表情、高雅的艺术欣赏力和塑造美的能力。这样，华贵的气质自然产生，表现在待人接物上，就是礼仪素质的提高。

由综上所述的内在美而外露的，端庄、洒脱的仪表，大方、得体的举止，文雅、幽默的谈吐，不卑不亢的态度，就是人们所说的气质高雅、风度翩翩！

◇ 案 例

案例一：

有位女职员是财税专家，她26岁，身高147厘米、体重43公斤，看起来机敏可爱，喜爱着童装，像个小女孩。她有很好的学历背景，在公司里的表现一直很出色。她常能为客户提供很好的建议，但当她到客户的公司提供服务时，对方主管却不太注重她的建议，她所能发挥才能的机会也就不大了。一位时装大师发现了问题所在，建议这位女财税专家，用服装来强调出学者专家的气势，用深色的套装，对比色的上衣、丝巾、镶边帽子来搭配，甚至戴上重黑边的眼镜。女财税专家照办了，结果，客户的态度有了较大的转变。很快，她成为公司的董事之一。

思考与分析

1. 开始女财税专家问题出在哪儿为什么？

2. 女财税专家后来如何成功的？为什么？

提示：应己原则告诉我们，着装要考虑职业。时装大师发现这位女财税专家在着装方面有明显的缺憾，其外表与她所从事的工作相距甚远，所以客户对于她所提出的建议缺少安全感、依赖感，所以她难以实现她的创意。

案例二：

一位女推销员在美国北部工作，一直都穿着深色套装，提着一个男性化的公文包。后来她调到阳光普照的南加州，她仍然以同样的装束去推销商品，结果成绩不够理想。后来她改穿色彩淡的套装和洋装，换一个女性化一点的皮包，使自己有亲切感，着装的这一变化，使她的业绩提高了25%。可见，随着社会经济、文化的发展，如何得体、适度的穿着已成为一门大有可为的学问。

思考与分析

1. 一开始女推销员问题出在哪儿?

2. 女推销后来的改变遵守了着装的哪条原则?

提示:不同地点的人着装特点有差异，与别人服饰接近才会产生亲切感。

案例三：

某家招聘单位根据收到的求职材料，决定约见一位女毕业生作为预选对象，见面时，这位女毕业生浓妆艳抹，烫着时髦的发式;身着低领、紧身，十分新潮的时装。就是因为第一印象使她落选了。

思考与分析

1. 你认为女毕业生失败的原因是什么？为什么?

2. 如果是你去应聘会如何做?

提示:如此着装给人以一种很轻佻的感觉，就寻职或在职的女性而言，服装风格的第一个原则，尤其在工商界和金融界或学术界，打扮过于时髦的女性，并不吃香，人们对服装过于花哨怪异者的工作能力、工作作风、敬业精神、生活态度，一般都会持有怀疑态度。服饰仪容既是一个人审美观的集中表现，也是文化素养的具体反映。

案例四：

某国总统出访欧洲，他在正式场合露面时，穿了一身格子呢西装。这在当地引起轰动，社会各界议论纷纷，指责这位总统不严肃，缺乏一国总统应具有的责任感。

思考与分析

1. 你认为问题出在总统身上，还是舆论过于挑剔？

2. 如果你认为问题出在总统身上，请说出为什么？

3. 如果你认为舆论过于挑剔，请说出为什么？

提示：按照国际惯例，正式场合应穿深色或黑色的西服或礼服，格子呢只适合休闲度假时穿。

实训：通过观看录像或光盘资料，从中领会西装套装的穿着要求及要领。尝试对现有服饰，进行合乎礼仪要求的穿着与搭配。

思考题

1. 着装有哪几项原则？什么是 TPO 原则？

2. 什么是三色原则？为什么选择正装色彩时应遵循三色原则？

3. 怎样根据不同场合着装？首饰的佩戴有哪些原则？

4. 穿西装应注意哪些礼仪？选择领带时应注意哪些事项？

5. 与同学探讨一下，你该如何着装？你有哪些着装体会，能否与大家资源共享？

6. 礼仪修养的途径有哪些？你准备如何提高自己的礼仪修养？

第五章 日常交往礼仪

◇ 案例

这样的称呼好吗？

据8月3日《中国青年报》报道，“白狼”一词如今在少数地方已经取代“白衣天使”，成为少数患者对医生的新称呼了。8月4日，不少媒体以“‘白衣天使’变‘白狼’”为题发表评论，从各个角度对这种现象加以分析。笔者拜读过相关报道和评论后，“白狼”一词如鲠在喉，感到很不是滋味。

在目前医药行业收费不合理，医疗服务水平不高，行业风气不好的情况下，个别地区的个别百姓出于个人怨恨，私下里将医护人员称为“白狼”，并不奇怪，甚至是情有可原的。但是，作为引导社会舆论走向，倡导社会文明风气的大众传媒，则不应该特意渲染这种带有明显侮辱性的称呼。

任何一个行业都存在这样或那样的问题，医疗行业由于关系到人们的生老病死，人们才对这个行业给予了更多的关注，提出了更高的要求，但是应该看到，职业素质、道德水平不高的，只是一小部分医护人员，更多的医护人员仍然兢兢业业地履行着救死扶伤的社会职责，他们无愧于“白衣天使”这个称号。

“白狼”这个称呼是对整个医疗行业从业人员的侮辱，这样的称呼会使医护人员对患者产生敌意和仇视，医患之间的“鸿沟”也会因此而拉大。笔者相信，这种结果是任何患者和医护人员，以及任何媒体都不愿意看到的。

第一节　相见礼仪

一、见面

1. 介绍

在社交活动中，介绍是人们相互结识的一种最初步的形式，是经常发生的。介绍要讲究礼节，不可贸然行事。

介绍，可由第三者介绍，也可相互介绍和自我介绍。第三者介绍他人互相认识的时候，要先了解双方是否有结识的愿望，是否同意介绍。如:介绍者可先向被介绍双方打个招呼“请允许我介绍你们认识一下”或“我来介绍一下好吗?”经双方认可之后，再作介绍。这样双方有了思想准备，不会感到突然。如果有人不愿意别人介绍自己的身份、职业，那么介绍者就要注意忌讳。介绍男女相识时，一般不便介绍年龄、婚姻、住址等私人生活方面的情况，尤其在西方国家，年龄、婚姻和工资收入都属于个人隐私，打听或询问都是非常不礼貌的，对此应特别注意，否则会引起对方的不快甚至反感。介绍朋友相识时，不要介绍完立即就离开，尤其在介绍男女或者没有社交习惯的人相识时，更要注意。如果离开太早，双方可能谈不起来冷了场造成尴尬局面。但是当被介绍的双方想个别交谈时，介绍人应及时后撤，迟迟不离就会显得不知趣，甚至惹人嫌。介绍几个朋友相识时，不要拉着某个人作点名式的巡回介绍，可以把他们招呼到一起，简单扼要地介绍他们相识，介绍过程中，可以说明被介绍者与自己的关系，便于新结识的人相互了解信任。被介绍者知道了介绍者与对方的关系可以促进结识。

介绍有先后之别，应先将男子介绍给女士，先将年轻的介绍给年长的，先将职位低的介绍给职位高的。介绍要有礼貌地用手示意，不要用手指指点点，这样显得不文明。若被介绍者的情况了解不够或一时记不起，可以让双方相互自作介绍。首先结识对方，应主动自我介绍。如在交际场所，你想结识某人而又无人介绍时，可以适时地向对方作自我介绍。但是，如果你想结识的是一位素不相识的异性朋友，最好不要冒昧地直接自我介绍，应找一个中间人作介绍，也可以寻找一个适当的机会与对方自然相识。

如果曾经相识的人记不起你时，不要说:“你怎么把我忘了?”等语，这样会使对方处于难堪境地。这时你应提醒对方，或者再做一次自我介绍。被人介绍时，应主动以礼貌语言向对方问候或者微笑点头致意。如果正在坐着，应该有礼貌地站起来。但在宴会桌上、会谈桌上可不必站立，只要微笑点头，有所表示即可。总之，无论介绍别人、自我介绍，还是被别人介绍，都要作法自然，热情有礼，言词得体，态度诚恳，谦逊可亲。

(1)介绍的礼仪规则

①先为老师介绍学生；

②先为长辈介绍晚辈；

③先为领导介绍职员；

④先为女士介绍先生；

⑤先为主人介绍客人；

⑥先为早到场的人介绍刚刚到场的人。

(2)介绍礼仪训练

①学生自我介绍训练(每个同学可根据自己的具体情况做自我介绍)。

②介绍他人训练。小王为赵先生和李小姐作介绍："请允许我介绍你们认识一下。李小姐，这位是××公司的赵先生，这位是××公司的李小姐。"赵先生面带微笑说："认识您非常高兴。"李小姐伸出手与赵先生握手，并说："我也非常高兴认识您。"

2. 称呼

(1)对亲属的称呼

①对自己亲属的称呼。亲属，就是与本人有直接或间接血缘关系的人。在日常生活中，对亲属的称呼是约定俗成、人所共知的。与外人交谈时，对自己的亲属，应采用谦称。比如，称辈分比自己高的亲属，可在称呼前加"家"字，如"家父"、"家母"、"家兄"；称辈分比自己低的亲属，可在称呼前加"舍"字，如"舍弟"、"舍妹"；称自己的子女，可在称呼前加"小"字，如"小儿"、"小女"。

②对他人的亲属的称呼。要采用敬称，对长辈，应在称呼前加"尊"字，如"尊母"、"尊兄"；对平辈或晚辈，应在称呼前加"贤"字，如"贤妹"、"贤弟"；在亲属的称呼前加"令"字，一般可不分辈分与长幼，如"令堂"、"令尊"、"令爱"、"令郎"。

(2)对朋友、熟人的称呼

①敬称。对任何朋友、熟人，都可以人称代词"你"、"您"相称。以"您"称呼他人，是为了表示自己是恭敬之意。对长辈、平辈，可称其为"您"；对待晚辈，可称为"你"。对有身份的人或年纪大的人，应称"先生"，如"李先

生”、“时先生”。对文艺界、教育界人士以及有成就、有身份的人，称“老师”，如“陈老师”。对德高望重的人，称“公”或“老”，如“秦公”、“谢老”。被尊称的人名字是双名，将双名中的头一个字加在“老”之前，如称周培公先生为“培老”。

②姓名的称呼。平辈的朋友、熟人，彼此之间可以直呼其名，如“王迎”、“李香”；长辈对晚辈也可以这样做，但晚辈对长辈却不能这样。为表示亲切，可免称其名，在被称呼者的姓前加上“老”、“大”或“小”字相称，如“老马”、“大李”、“小杜”。对关系极为亲密的同性的朋友、熟人，可不称其姓，直呼其名，如“晓龙”、“瑞杰”；但不可对异性这样称呼，如称“沈晓龙”为“晓龙”，只有其家人或恋人才允许这样称呼。

③亲近的称呼。对于邻居、至交，可用令人感到信任、亲切的称呼，如“爷爷”、“奶奶”、“大爷”、“大妈”、“叔叔”、“阿姨”等类似血缘关系的称呼。也可以在这类称呼前加上姓氏，如：“毛爷爷”、“宋奶奶”、“曹叔叔”、“王阿姨”等。

④对普通人的称呼。在现实生活中，对一面之交、关系普通的交往对象，可酌情采取下列方法称呼：

* 以“同志”相称。
* 以“先生”、“女士”、“小姐”、“夫人”、“太太”相称。
* 以其职务、职称相称。
* 入乡随俗，采用对方理解并接受的称呼相称。

(3)工作中的称呼

在工作岗位上，人与人之间的称呼要庄重、正式、规范。

①职务性称呼。在工作中，为示身份有别、敬意有加，人们常以交往对象的职务相称，具体来说分为以下三种情况：

* 只称职务。如“董事长”、“总经理”等等。
* 职务前加上姓氏。如“王总经理”、“张主任”等等。
* 职务前加上姓名，适用于极为正式的场合。如“×××市长”等。

②职称性称呼。对于有职称的人，可以在工作中直接以其职称相称，具体来说分为以下三种情况：

* 仅称职称。如“教授”、“律师”、“工程师”等等。
* 在职称前加上姓氏。如“龙主编”、“常律师”、“叶工程师”。这种称呼也可简化，如“叶工程师”简称为“叶工”。
* 在职称前加上姓名，适用于正式的场合。如“杨振宁教授”、“谢玉清

研究员”等等。

③学衔性称呼。称呼学衔，增加被称呼者的权威性，同时有助于增强现场的学术气氛。称呼学衔，有以下四种情况：

* 仅称学衔。如“博士”。

* 在学衔前加姓氏，如“刘博士”。

* 在学衔前加姓名，如“刘选博士”。

* 将学衔具体化，说明其所属学科，并在其后加上姓名。如“法学博士刘选”，这种称呼最为正式。

④行业性称呼。在工作中，按行业称呼，具体分为两种情况：

* 称呼职业。直接以职业作为称呼。如，教员称“老师”，教练员称“教练”，会计师称“会计”，医师称为“医生”或“大夫”等。在一般情况下，在此类称呼前，均可加上姓氏或姓名，如“吴老师”、“于教练”、“钱会计”、“贾大夫”等。

* 称呼“小姐”、“女士”、“先生”，对商界、服务业从业人员的称呼。其中，“小姐”、“女士”的区别在于:未婚者称“小姐”，已婚者或不明确其婚否者则称“女士”。在公司、外企、宾馆、商店、餐馆、歌厅、酒吧、交通行业，这种称呼较通用。在这种称呼前，可加姓氏或姓名。

3. 称呼的禁忌

(1)禁用错误的称呼。常见的错误称呼有两种:①误读。一般表现为念错被称呼者的姓名。比如“仇(qiú)”不能读(chóu)、“查(zhā)”不能读(chá)、“盖(gě)”不能读(gài)等，这些姓氏就极易弄错。要避免犯此错误，就一定要作好先期准备，必要时不耻下问，虚心请教。②误会。指对被称呼的年纪、辈分、婚否以及与其他人的关系作出了错误判断。比如，将未婚妇女称为“夫人”，就属于误会。

(2)禁用过时的称呼。有些称呼，具有一定的时效性，一旦时过境迁，若再采用，难免贻笑大方。比方说，法国大革命时期人民彼此之间互称“公民”。在我国古代，对官员称为“老爷”、“大人”。

(3)禁用不通行的称呼。有些称呼，具有一定的地域性，比如，北京人爱称人为“师傅”，山东人爱称人为“伙计”，中国人把配偶、孩子经常称为“爱人”、“小鬼”。但是，在南方人听来，“师傅”等于“出家人”，“伙计”肯定是“打工仔”。而外国人则将“爱人”理解为“第三者”，将“小鬼”理解为“鬼怪”、“精灵”。

(4)禁用不当的行业称呼。学生喜欢互称为“同学”，军人经常互称“战友”，工人可以称为“师傅”，道士、和尚可以称为“出家人”，这无可厚非。但以此去称呼“界外”人士，并不表示亲近，反而产生被贬低的感觉。

(5)禁用庸俗低级的称呼。在人际交往中，有些称呼在正式场合切勿使用。例如“兄弟”、“朋友”、“哥们儿”、“姐们儿”、“瓷器”、“死党”、“铁哥们儿”等等一类的称呼，就显得庸俗低级，档次不高。

(6)禁用绰号作为称呼。对于关系一般的人，切勿自作主张给对方起绰号，具有明显的侮辱性的绰号，例如“拐子”、“秃子”、“罗锅”、“四眼”、“傻大个”、“柴禾妞”、“麻杆儿”等等，更不能说出。另外，还要注意，不要随便拿别人的姓名乱开玩笑。要尊重一个人，必须首先学会去尊重他的姓名。每个正常人，都极为看重本人的姓名，对此，在人际交往中，一定要牢记。

4. 称呼训练

为了活跃课堂气氛，掌握更多的称呼礼仪规则，课堂上可以在老师的组织下，同桌之间互致问候，如：“您好”、“早上好”、“晚上好”、“见到您很高兴”、“劳驾”、“麻烦您”、“久闻大名”、“请”、“对不起”、“没关系”等。

二、表情

1. 微笑

微笑是最常见的面部表情。它可以缩短人与人之间的心理距离，为深入沟通与交往创造温馨和谐的气氛。世界各民族普遍认同微笑是交往的常规表情。微笑被比喻为交际中的“货币”，人人都能付出，人人也乐于接受。在人际交往中，保持微笑至少有以下几方面的作用：

(1)表达主动热情的态度。

(2)表达真诚友善的姿态。对同事、朋友微笑，可以给人一种友好善良、真诚待人的感觉。

(3)表达乐观向上的修养。经常面露平和愉悦的微笑，说明你的心情愉快，乐观向上，善待人生。这样的人才会产生吸引别人的魅力。

(4)表达充满自信的形象。面带笑容，说明你对自己充满信心，以平和友善的态度与人交往，可以使人产生信任感，容易让人接纳。

2. 原一平笑容的启发

高木凝视着原一平，静静地说：“原老弟，个子高大、体格魁梧的人，先是外表就显得威风凛凛，因此，访问客户时也容易让对方产生好印象。可是，个子矮小的人，即使怀有同样的技术，不，纵然他的技术超过前者许多，由于受先天条件的限制，在踏出第一步时，无形中已经吃了大亏。你我都属于身材矮小的人，为了不输给个子高、体格好的人，同样要踏出第一步时，该怎样做呢？我想，首先必须以表情制胜，特别要非常重视笑容不可，务必显出发自肺腑的笑容。”

他的脸上立即浮现出笑容，那是一种浑身都在笑的笑容，是纯真感人的笑容，这笑容使原一平茅塞顿开。

自此以后，原一平着手训练笑，他不停地对着镜子练习笑容。由于一心一意想着练习笑容的事，走在马路上，往往会不自觉地露出笑脸，有时甚至会笑出声来，他练习笑容就跟着了魔似的，他的邻居们见他一人独自乐出声来，还怀疑他神经不正常呢？

日复一日，月复一月，原一平一有空就对着镜子练习。也不知持续了多久，一天，他忽然发现镜中的他与以前大不相同了，他的脸大放异彩，细加观看眼神也有变化，这个发现使他信心倍增。一有信心，与镜中的自己对话的训练也就更起劲了，他清楚地看出自己的脸孔逐日有了变化。

有一日，原一平对着镜子想看看自己究竟能做出多少种笑容，他自己都没有想到他竟然能发出 40 种不同的笑。

3. 微笑训练

（1）发声训练法。面对镜子，深呼吸，然后慢慢地吐气，并将嘴角两侧对称往耳根部提拉，发出“一”或“七”的声音。

（2）携带卡片法。经常在自己的皮夹中放一张写有“微笑”的卡片，一直携带着它似一面镜子，随时随地提醒自己保持微笑。

三、目光

1. 眼神

眼睛是人体传递信息最有效的器官，是“心灵的窗户”。在社交场合与人交往时，你的眼神要温和、大方、亲切，眼睛正视对方的双眼和嘴部的三角区，经常与对方的目光保持接触，表明重视对方或对他的谈话感兴趣，同时也体现自己的真诚。长时间地回避对方，眼神闪烁不定、左顾右盼、上下打量对方是不礼貌的。反之，双眼瞳孔的焦距收缩，紧盯对方的眼睛，这种逼视的目光也是失礼的。当人们看到有趣的或心中喜爱的东西时，瞳孔就会放大，而看到不喜欢的或厌恶的东西时，瞳孔就会缩小。表示礼貌的瞳孔焦距应该呈散射状，同时辅以真诚、微笑的面部表情。在国内，笔者发现不少人与异性交谈时，往往不好意思望着对方的眼睛，但与西方人交流也是这样的话，对方会认为你是不礼貌和不真诚的。不同的场合与不同的情况可用不同的眼神。对初次见面的人，可以稍微点个头，面带微笑地注视对方约3～4秒钟，以示尊重和礼貌;见到熟悉的人，可以用炯炯有神的眼神注视对方，表达自己的喜悦、热情的心情;在集体场合开始讲话或演讲前，可以用双目扫视全场，表示请各位安静，自己要开始讲话或演讲了;当与人见面握手时，眼睛注视对方的时间与握手同步;道别时，更应该注视对方的眼睛。

2. 目光训练

老师可以组织学生在课堂上进行目光训练。

(1)眼睛光亮的训练。视线焦点集中时，眼睛处于一种紧张状态，显得大而有力，这时眼珠的玻璃体和晶体感光度强，眼睛就闪光发亮。眼力集中练习，可通过睁大两眼平视镜中自己的一只眼进行。

(2)眼睛灵活度的训练。练习时头部不动，只用眼睛随目标转动。眼睛转动时，仍要保持绷眼皮。初练时，速度可慢一点，随着眼功的增长逐渐加快。当眼睛练得有一定活动能力时，就可以进行无目标练习，让眼睛自然转动。

四、问讯

在人们的日常交往中，向人问讯或者回答别人的询问是常有的事。看似一句平常的话，听来只是一段普通的回话，其实却反映了一个人的文明水平和修养。

1. 当你向人问路或者其他的问讯时，需要做到:

(1)要注意自己的脸部表情，微笑地向人询问。

(2)要选择合适、礼貌的称呼语，如“小姐”、“先生”、“师傅”等;不应该不加称呼，也不应直接用“喂”作代替，更不能使用不礼貌的称呼，如“戴眼镜的”、“老头”、“老太婆”等。

(3)要用请求语，如“请问”、“劳驾”、“麻烦你”等。当有疑问需要对方解答时，最好说:“我想请教某某问题”。

(4)驾车问讯时，最好应下车问讯。

(5)当对方回答你的问讯时，应该神情专注，不能眼神四处游动、心不在焉。

(6)问讯完毕后，应向对方表示感谢。

2. 回答问讯

(1)认真聆听别人的问话，热情回答对方的询问。正确的行为应该是，停下脚步，认真听取对方的问题后进行回答。有时候，你正在办公室干活，来了一位陌生人向你询问，不管这时有多忙，也应该暂时搁下手中的活，热情回答对方的询问，因为你代表的不仅仅是个人，更重要的是单位、企业的形象。

（2）回答别人的询问时，应该真诚、耐心、详尽、精确。当你遇到别人问路，应该仔细地把路线表达清楚，如果对方是外地路人，就该用普通话回答，直到对方听懂为止。如果对方询问公务上的事，你应做到尽可能地准确详细，不要敷衍了事，模棱两可。

（3）当你对询问者的询问内容并不了解，你可以礼貌地表示："对不起，我不了解。""很抱歉，我回答不了你的问题"等，同时，可以向对方推荐其他人，以帮助解答。

五、名片

名片是一个人身份的象征，在社交活动中具有重要的作用。

1. 名片的作用

名片在国际交往中被人们普遍使用，是一种最普遍、使用量最大的"仪柬"。现代人们常用两种名片，一种只印名字、联络电话、传真、电子邮件、地址、邮编的名片；另一种则是加印工作单位名称、职衔的名片。

名片的主要作用有：

（1）用于自我介绍。这是名片使用率最高的场合。中国人以谦虚为美德，一般不习惯主动向对方介绍自己的职位、职务，使用名片可以替代自我介绍，又可避免不便启齿的尴尬。初次与人交往，只是口头介绍的话，容易造成误听、误解、遗忘等麻烦。一张名片在手，对方的情况可以永远保存在自己的资料库中。

（2）替代介绍信。日常生活中，当你需要你的朋友引见他的一位友人，而你的朋友又没有时间陪同，在这种情况下，你的朋友可以在自己的名片上写上几句话。

（3）贺慰的作用。当你需要向亲朋好友贺喜，自己又没有时间亲自前往时，你可以在名片的正面写上被贺人的姓名，在名片的背面写上几句祝贺语，委托他人或快递公司，同礼物一起送上。如遇到亲友生病住院，你又不便探视，也可以在送花或其他礼物时，送上写着慰问辞的名片。

（4）求见的功能。要求约人见面，一般需要先预约，但如果你因为种种原因无法事先打招呼，就可以在到达目的地后，在自己的名片上写上"求见某某人"，然后交门卫人员递送，以示尊重和要求。

(5)替代广告宣传。往往从事营销的人员喜欢在名片的背面印上自己所在公司、企业的经营项目、业务范围、产品名称等，以达到宣传产品的目的。

2. 名片的礼仪

既然名片在国际交往中被人们普遍使用，是一种最普遍、使用量最大的“仪柬”，那么学习使用名片的礼仪也尤为重要。

(1)名片的递送。在与人交往前，先把名片放在易取之处，男士也可以把名片放在名片夹、公文包或西装上衣的口袋里，女士可置于手提包内。交换名片的顺序一般是:先低后高，先客后主，即地位低者、晚辈或客人先向地位高者、长辈或主人递上名片，然后再由后者回赠。若上级或长辈先向你递上名片，你也不必谦让，可以礼貌、大方地用双手接过，说声“谢谢”，再予以回赠。当与多人交换名片时，应依照职位高低的顺序，或由近及远，依次进行，切勿跳跃式地递送，以免让对方误解为厚此薄彼。递送名片时应将名片的正面朝上，字体的正位向着对方，以便对方观看;同时，眼睛应注视对方，面带微笑，双手奉上，并大方地说:“ 这是我的名片，请多多关照”、“欢迎多联系”。递送名片应在介绍之后，在尚未弄清对方身份时，不应急于递送。

(2)名片的接受。当对方把名片递给你时，你应该起身，面带微笑，双手接过名片，说:“谢谢”，并认真观看名片，以表示对赠送名片者的尊重，也便于加深印象;然后，回敬一张自己的名片，如随身没带名片，应向对方表示歉意。收到别人的名片后，要郑重地将其放入自己的名片夹或西装左胸的内衣袋里。

3. 名片的忌讳

(1)不要把名片当作传单随便散发。有一位来自美国得克萨斯州半导体公司的总裁，去日本参加一个商务会议，尽管她是商务代表团的团长，其他日本代表团的成员，根本不正眼看她，也不和她说话。原来，她递名片的动作就像打扑克，把名片随意地扔到桌子对面，落在对方的座位前。

(2)不要随意地把他人给你的名片，塞在口袋里或丢在包里;如果暂时放在桌上，切忌在名片上放其他物品，也不要漫不经心地放置一边，更不要忘记带走。

(3)不要用他人的名片剔牙。美国的《纽约时报》曾有一则生动的报道:“午餐后的商务会议顺利开始了。西服革履的美国公关公司人员坐在谈判桌的一边，有可能成为他们客户的日本人则坐在另一边。会议中，在议员进行冗长的翻译时，美方首席代表思想开小差了。他开始拨弄起日方首席代表的名片，几乎是下意识地把名片拿到嘴边，用名片的尖角上上下下仔细地剔着牙，因为午饭后，他的牙缝中间塞进了饭渣。会谈的结果可想而知，合同泡汤了。”

(4)在对方的名片上作一些简单的记录和提示，是帮助我们记忆的好办法，但是，不要在他人的名片上乱写一些有关名片主人特征的词，如，“小个子”、“带眼镜”等。靳羽西女士为了记住对方的名字，习惯在对方的名片上注一些词，以便下次交往时记住对方，但有一次却使她很尴尬。她回忆说：“北京有一个有名的记者，她注意到我在每一个人的名片上都写了一些字，忍不住要看看我在他的名片上写了什么：我写了 short（很矮）。当时，我真的很不好意思。”

六、人际交往的空间距离

人际接触的环境，都需有一定的空间范围。每个人都有既适合环境，也适合自己的“小世界”、“领土范围”。这个环境是随着人际疏密环境的改变而改变的，如果他人越界，而进入属于某人在一定条件下的空间范围时，就会出现局促不安，甚至就会反抗等等。保护自己的人际空间，尊重和爱护他人的人际空间，从而维护自己和他人的尊严、人格，是礼仪的重要内容之一。

1. 亲密距离

这是恋人之间、夫妻之间、父母子女之间以及至爱亲朋之间的交往距离。其中又可分为近位和远位两种。近位亲密距离在 0～15 厘米之间。这是一个“亲密无间”的距离空间，在这个空间内，人们可以尽情地表现爱抚、安慰、保护等多种亲密情感。恋人之间极希望处于这样的空间，在这样的空间里，双方都会感到幸福和快慰。远位亲密距离大约在 15～46 厘米之间。这是一个可以肩并肩、手挽手的空间，在这个空间里，人们可以谈论私情，说悄悄话。在公众场合，只有至爱亲朋才能进入这一空间。在大庭广众面前，除了客观条件十分拥挤的场合以外，一般异性之间是绝不应进入这一空间，也应尽量避免身体的任何部位触及对方，更不能将目光死盯在对方的身上。

2. 私人距离

这是一个更有“分寸感”的交往空间，其中也可分为近位和远位两种。近位私人距离大约在 46～76 厘米之间。在这一距离内，稍一伸手就可触及对方，双方可以亲切握手。近位私人距离在酒会的人际交往中比较常见，谈话双方会有一种亲切感。远位私人距离大约在 76～122 厘米之间。在这一距离内，双方都把手伸直，还有可能相互触及。由于这一距离有较大开放性，亲密朋友和熟人可随意进入这一区域。

3. 社交距离

这个距离体现的是一种社交性的，可分为近位和远位两种。近位社交距离在1.22米～2.13米之间。在工作环境中，领导对部属谈话，布置任务，交代工作，听取汇报等一般保持这个距离。在一般的社交聚会上，陌生人之间、客户之间商谈事务时也采取这一距离。远位社交在2.13米～6.1米之间。这是正式社交场合、商业活动、国事活动等所采用的距离。采用这一距离主要在于体现交往的正式性和庄重性。在一些领导人、企业老板的办公室里，其办公桌的宽度在2米以上，设计这一宽度就在于，领导者与下属谈话时显示出距离与威严；因为即使他们坐在这样的办公桌后面与对面站着的人谈话，也不会显得低矮。

4. 公众距离

有近位公众距离和远位公众距离之分。近位公众距离在6.1米之外。这通常是小型活动的讲话人与听众之间的距离，教师讲课与学生听课之间的距离。远位公众距离在8米以外。这是大型报告会、听证会、文艺演出时报告人、演讲者、演员与听众、观众之间应当保持的距离。大人物在演讲时需要与听众之间保持这一距离，以便在增强权威感的同时，增强安全感。

第二节　礼尚往来

一、祝贺

祝贺是对亲朋的喜庆之事的重视，并通过某种方式表达自己的真情实意。一般的祝贺，多是前往当面祝贺。在这种情况下，应注意仪表端正，举止适度。有时是通过书信函电祝贺。祝贺要注意对象、场合和内容，或致祝词，或送祝礼。如对尊长，一般可祝贺他幸福健康；对年轻人则多用些激励性的祝词，以鼓励他再接再厉，百尺竿头，更进一步；对新婚夫妇，则祝愿他们比翼双飞，白头偕老。祝贺既要避免粗俗，也不要故弄风雅，而应力求表达出挚意热情。

二、作客

拜访任何人都要事先约定，不要随随便便地顺道去看一看人家，在你或许觉得彼此相交甚深，所以不必拘束。而在主人一方，则或许由于你的不约而至打乱了全部的安排。对于外宾而言，未曾约定的拜会是不会受到欢迎的。如无要事相商，作客时间不要太久，大体上以半小时左右为最好。到达主人的居所后，进门之前应当敲门或按门铃。未经主人许可，绝对禁止径直推门而入。主人开门之后，如未邀入室，不要擅自行事。他如果没有请客人脱下外衣或就座，则表明不打算留下客人。客人应知趣地简短交谈后即离去。作客之前要整理好自己的服饰，仪表必须整洁大方。入室之前要在门垫上把鞋子揩干净。去日本、朝鲜等国的家庭里作客，进门就要脱鞋子或换拖鞋。在日本作客，入室之前应脱下大衣，搭在胳膊上，穿着大衣进屋失礼。在普通朋友家里，客人不要乱脱、乱扔衣服。与主人关系再好，也不要翻动主人的书信、报刊和工艺品。作客时可以给主人家里的老人或孩子买一点东西。届时应大大方方地交给主人。如果客人系男士，则最好当着主人夫妇的面递上礼物，不要在男主人不在时悄悄把礼物塞给女主人。在主人家中见到长辈，要恭恭敬敬地起立问候。见到孩子，也要谈上几句，不要不闻不问。一些穆斯林国家的女主人是不会客的，不要主动去问："怎么没见女主人呢？"遇到主人的其他客人，应寒暄几句。对于迟到的客人，要起立迎接；其他客人走时，也要起立相送。不要见到别的客人一到，自己马上就走，好像自己同主人正在密谋什么见不得人的事情。在任何人的居室里，都要讲究卫生。

三、待客

得知客人来访，主人应事先有所准备，包括作好室内卫生，预备好烟酒茶饭等等。主人要特别注意自己的仪表，服饰不可随随便便。成年的家人，不要当着客人的面拌嘴或闷闷不乐，以免客人误解。对待客人不宜过于客套，从而使之手足无措，但尊敬与体谅应贯穿于待客的整个过程之中。有时需要提前几分钟去门外恭候客人。如客人不期而至，无论多忙多累，要热情接待客人，立即停止手中的工作，微笑着握手问候。若家人尚需整理室内卫生，应请客人在门外小候，陪着对方谈上几句并要道歉。如客人到达时，不要频频地看表，或露出漫不经心的表情。真有急事要办，可向客人说明并道歉，并请家人暂时招待一下客人，客人告辞时，应一一与之握手道别，但应当记住，主人首先伸出手来有厌客之嫌，是不礼貌的。通常主人应将客人送至门外，并道"欢迎再来"。对远道而来的客人应去车站、码头或机场送行。当客人远去时，可挥手致意，直至客人看不见了，主人方可回家。

四、送礼

1. 礼物选择

在向对方馈赠礼品时，一定要考虑对方有什么爱好、情趣或禁忌。另外还要考虑送礼的原因。

(1)结婚礼物。结婚礼物以美观、实用、具有纪念意义最为适当。例如字画、餐具和其他生活用品。要讲究形式。如果用金钱代替礼物，可在封套上写明“贺仪”等字样。如果是一般礼品，则用一张红纸，写明收礼人及送礼人的姓名。

(2)贺生子礼物。赠送婴儿礼物，如衣服、鞋帽或玩具等。赠送生肖纪念章，这是一种新颖而又有永久纪念意义的礼品。

(3)生日礼物。亲友生日所送礼品以能使对方欢愉而又可作纪念品最为适合，要根据对方的年龄、性别和爱好选送。如是年老的长者，送寿联、营养品较合适。送给朋友可选化妆品、衣料等。

(4)节日礼物。端午节，多以粽子为礼物；中秋节，送月饼；春节，以腊味、礼盒为主要礼物。远行，一般以赠送适宜于旅途的食品、水果和轻松的书刊杂志最为适合，也可送钱。乔迁之喜赠送礼物在我国南方比较流行，这时的礼物可根据实际需要，赠送对联、字画、镜屏、工艺品、家庭装饰品等。

2. 送礼避讳

(1)一般送礼避讳

①过节送礼。对婚嫁祝寿等较大的喜庆，等到参加完人家的仪式、宴会之后再补礼，是失礼的。

②对年长的人不能送钟，因为钟与“终”谐音。

③男女之间送礼，除自家亲人外不宜送贴身之物。

④不是长辈或病人，不宜送药物。

(2)国外送礼禁忌

①日本人送你礼物时，要向他表示感谢，但不能马上接过来，要等主人让一两次之后再收。送礼时涉及数字，日本最忌讳“四”和“九”，因为日文中的“四”和“死”的发音相同；“九”的发音与“苦”的发音相同。

②汤加人认为鲜花不可送人。

③南斯拉夫人送花要送单数，但忌讳13。

④荷兰人送礼品要用礼品纸包好，但不能送食品。

⑤英国人不能送百合花，百合花有死亡的意味。

⑥波兰人在给女主人送礼时忌红玫瑰，因为玫瑰表示浪漫的爱情。

⑦美国人忌送不太值钱的假首饰，因为那会使人感到你看不起他。

五、受礼

受礼时，眼睛应注视对方，但不应只盯着礼物，双手接过，口中致谢。按传统，接过礼物后一般不应打开观赏；但按新作法应立即打开欣赏，并比较具体地称赞一番。接礼后应与送礼者握手，一般是将礼物左手托着，右手去握手，接受大型礼物，可放下后再握。

六、送花

1. 赠送鲜花的方式

(1)花篮。它由色彩鲜艳的花朵组成，适于庆祝开业、开幕、演出成功以及寿辰。

(2)花束。可选择寓意不同的切花组成，外加包装纸和红丝带。花束一般用于探访亲友，祝贺新婚或看望病人。

(3)襟花。它通常是男子送给女友的礼物，在某些喜庆的场合，男子可以在上衣的左胸前别一朵鲜花，襟花以与所穿衣服色泽协调为准。

(4)盆花。品种名贵的盆植花卉是人人喜爱的礼物，可以祝贺朋友迁居或送给长辈。上述几种方式中，赠送花束是最常见的。它通常由玫瑰、剑兰、康乃馨等大切花组成，并且讲究送人要送单数。

2. 送花的选择

每一种花卉都具有某种生活含义。给什么人送，送什么花，是非常有讲究的。

(1)迎送亲友客人一般赠送紫藤花。这种花表示热情好客，夜夜含苞，朝朝新放，大串大串的花朵茂如翠蝶成行。

(2)迎接英雄归来赠送红棉花最为郑重，因为红棉花是英雄的象征。

(3)恋爱的男士应经常送给女士一枝红蔷薇。

(4)苦恋花即秋海棠。当人们的爱情遇到波折，苦恼万分时，常以海棠花自喻。

(5)求婚时一般送一束玫瑰。

(6)合欢花表示夫妻和睦友好。

(7)一支条纹康乃馨可表明回绝爱情。

3. 西方花语

花所包含的生活含义叫花语。西方一些花卉的含义如下:刺玫瑰—优美;白百合花—纯洁;红茶花—天生质丽;墨桑—生死与共;白菜花—天真;蓝紫罗兰—诚实;野葡萄—善良;紫藤—欢迎;薄荷—有德;翠菊—追念;杜鹃—节制;鸡冠花—爱情;大丽花—不诚实;万寿菊—妒忌、悲哀;白丁香—念我;四吐顶香—属于我;红郁金香—宣布爱情;黄郁金香—爱的绝望;豆蔻—别离;红康乃馨—伤心;野丁香—谦逊;黄康乃馨—轻蔑;柠檬—挚爱;水仙—尊敬和自爱;条纹康乃馨—拒绝;白菊花—悲伤;白桑—智慧;杏花—疑惑;金盏花—悲伤;兰花—热情;金鱼草—自信;百合花—庄重和尊敬;金百合花—信赖和安全;石竹—奔放和幻想;牡丹—拘谨和害羞。

第三节　人际交往的其他礼仪

一、约会

1. 预约

在你提出预约前，应把约会的时间、地点和活动内容考虑周全。同时也应考虑到如果对方拒绝，如何应答。约会时间的预先选择提出，约会要把握时机，不能让对方为难。不应影响对方的工作和学习，特别要摸准对方什么时候上班，什么时候休息，以及最近有无应酬。

2. 应约

如果有人向你提出约会，你应充分考虑，包括可能出现的特殊情况，也应尽量向对方说清楚，这样双方在商量约会的时间时，才不会把时间定得太死而无回旋余地。

3. 拒约

如果有事无法脱身，或者你不想去约会，不能态度生硬地拒绝对方。你应以诚恳而婉转的话语去解释、说明，并真诚地表示抱歉，如“多谢了，下次一定去”。

4. 赴约

约会确定下来后，没有特殊情况，绝对要准时到达约会地点见面。不准时赴约是不礼貌的。赴约时还应注意服装和仪表。

5. 爽约

由于特殊原因不能按时赴约者，一定要想办法通知对方，并诚恳说明原因，并致歉意。

二、探病与慰问

在社交圈内，熟悉的人患病或者发生不幸事故，作为病人或不幸者的亲友，应该去探病或慰问。探望病人时，可以根据病人的病情、嗜好、口味酌量买一些水果营养品作为慰问礼物。如果病人不适宜吃东西，也可不带，可以买一束鲜花，作为慰问礼貌。探望病人应选择适当的时机。如果患者病情严重处在危险之中，需要安静地卧床抢救、治疗，要情绪平稳，不宜出现情绪波动。在这种时候贸然探视，对患者病情可能产生很严重的后果。探望病人要善于控制内心感情，不要在病人面前流露出内心的哀伤，更不要在病人面前痛哭，这样会严重影响病人的心理，引起病人的悲观失望。和病人交谈时，应尽量谈些使病人愉快的事情，不要给病人带去使他忧虑和不安的消息，这是一种起码的道德。要多讲安慰的话、鼓励的话。和病人交谈的时间不宜过长，以免妨碍患者的休息或过多地消耗他的精力。在有些情况下，要善于对病人说"假话"。比如对患了不治之症的病人，在本人尚不知道真实病情的情况下，要与医生和病人的亲属统一口径，对病人做必要的隐瞒。可见探望病人不仅需要感情，还需要理智。对患病的亲友，不仅要给予安慰，还应该尽一些力量，具体地帮助他做一些力所能及的事情。如果病人有更密切的亲友家属在他身旁，探病要早些结束，以免妨碍他们之间的谈话或影响他们的休息。如果病人另有朋友来探望，你也应及时告辞。并祝他早日恢复健康。如果相隔太远或因故不能前往，应拍电报，打电话或发短信，写信或委托他人转达慰问。

三、尊妇、敬老、爱幼

在社会生活中，尊妇、敬老、爱幼是一种美德。男子应该利用体质上的优异，去帮助女子、老者、幼小。男子请女子先行，年轻人请长者先行，成人让儿童先行。二人同行，前为尊后为卑，右为大左为小。三人并行以中央为尊，右边次之左边又次之；男女二人同行应遵男左女右之原则；两男一女同行时，可让女士在中间，以示尊重。女先男后并非一成不变，有些情况未尝不可以男先女后。比如，下楼梯和下车时，男子则要走在妇女前面，以便帮助她们下车下楼。又如，男女一起进餐厅时，男子应先进去，负责选好座位并拉开椅子让女子坐下。

四、女士优先

女士优先最早是来源于西方，它起源于骑士教育，这种教育的主要内容除将一个男孩培养成为骑士外，另一个主要内容就是尊重妇女，为妇女服务，从而形成了让西方人骄傲的“女士优先”的社交礼仪，这也是每一位有教养的男士应具有的品格和风度。在社交场合，男士应尊重女士，适时照顾女士，帮助女士。如果摆大男子汉的架子，不给女士应有的尊重，或当妇女需要帮助时视而不见、袖手旁观，自然会受到众人的批评。

“女士优先”具体表现为：不管是在户内还是在户外，男士和女士两人走在一起，女士总在男士前面穿过大门和狭窄的走廊。但通过崎岖、陡峭或光滑的地面时，男士应走在前面；如果女士穿着高跟鞋或需要帮助，男士应适时伸手相助。乘坐轿车时，男士应走在女士的前面为女士打开车门，协助女士上下车，但不要冲过去抢着开车门。男士要随着女士上或下电梯（带扶梯的电梯），除非女士让男士先走要帮其上或下。如果一男一女并排走路，而持续时间较长时，男士应该走在外侧。当一个男士与两个女士在一起时，男士不应该夹在中间。在正式宴会上，如果男士是女士的同伴，或是婚礼中的迎宾员，男士应向女士伸出胳膊，让女士轻轻挽住，而不要抓住女士的肘部或胳膊往前推；只有在帮助女士上车或出租车、公共汽车、楼梯时，男士可以把手放在女士的肘部下面。穿过大门时，男士应该站在一边让女士先穿过大门，如果门关着，而且门很重，男士应在前面为女士把门拉开或推开，并把住门。如果一个旋转门已经在转了，女士走进身后的下一个格中。宴会或就餐时入座，男士还要主动为女士拉开坐椅，协助女士坐好。

第四节　握　手

一、握手时伸手的先后次序

1. 一般情况的规定

具体而言，握手时双方伸手的先后次序大体包括如下几种情况：

（1）年长者与年幼者握手，应由年长者首先伸出手来。

（2）长辈与晚辈握手，应由长辈首先伸出手来。

（3）老师与学生握手，应由老师首先伸出手来。

（4）女士与男士握手，应由女士首先伸出手来。

（5）已婚者与未婚者握手，应由已婚者首先伸出手来。

（6）社交场合的先至者与后来者握手，应由先至者首先伸出手来。

（7）上级与下级握手，应由上级首先伸出手来。

（8）职位、身份高者与职位、身份低者握手，应由职位、身份高者首先伸出手来。

2. 特殊情况的规定

（1）一个人需要与多人握手，应讲究先后次序，由尊而卑，即先年长者后年幼者，先长辈后晚辈，先老师后学生，先女士后男士，先已婚者后未婚者，先上级后下级，先职位、身份高者后职位、身份低者。

（2）在公务场合，握手时伸手的先后次序主要取决于职位、身份。而在社交、休闲场合，则主要取决于年龄、性别、婚否。

（3）在接待来访者时，应由主人首先伸出手来与客人相握。而在客人告辞时，则应由客人首先伸出手来与主人相握。前者是表示“欢迎”，后者则表示“再见”。

二、握手的方式

1. 标准式握手。是行礼时行至距离握手对象约1米处，双腿立正，上身略向前倾，伸出右手，四指并拢，拇指张开与对方相握。握手时应用力适度，上下稍许晃动三四次，随后松开手，恢复原状。

2. 支配式握手。也称控制式握手，即用手掌以向下或向左下的姿势握住对方的手。

3. 顺从式握手。也称谦恭式握手或友善式握手。与支配式握手相反，顺从式握手是用手掌以向上或向左上的姿势与对方握手。

4. 平等式握手。这是标准的、合乎常规的握手方式。即握手时双方同时伸出手，手心向着左方。这种握手的方式是一种友好的、礼节性的见面方式。

5. 双握式握手。这是一种表达热情友好的握手方式。即握手时，用右手紧握对方的右手，同时再用左手加握对方的手背、前臂、上臂乃至肩部。这种握手方式表达一种热情真挚、诚恳友好的情感。握手时，从手背开始，加握的部位越高，所表达的热情友好的程度就越高。这种握手方式一般用于亲朋故旧之间，以表达自己的深厚情意。

6. 捏指式握手。这种握手方式主要用于异性之间的握手，以表示稳重与矜持。它指的是握手时只握住对方的几个手指或手指尖部，而不是两手的虎口接触相握。若是在同性之间握手，对方连手指也没有弯曲一下，碰一下就松开了，则说明对方是敷衍了事而已，毫无感情可言。

7. 抠心式握手。这种握手方式主要用于恋人或感情很深的朋友之间。它指的是双方两手相握之后，不是很快松开，而是让双方手掌相互缓缓滑离，让手指在对方手心作适当停留，以传达彼此间特殊的情愫。

三、握手的神态

与人握手时，应神态专注，热情、友好、自然；应面含笑意，目视对方双眼，并且口道问候。

四、握手的力度

为了向交往对象表示热情友好，握手时，应当稍许用力为宜；与亲朋好友握手时，而在与异性以及初次相识者握手时，则千万不可用力过猛。

五、握手的禁忌

1. 不要用左手与他人握手，尤其是阿拉伯人、印度人把左手看成是不洁的，与他们打交道时要牢记此点。

2. 不要在握手时争先恐后，应当遵守秩序，依次而行。尤其是与基督教徒交往时，不要两人握手时与另外两人相握的手形成交叉状，这种形状类似十字架，是很不吉利的。

3. 女士在社交场合戴着薄纱手套与人握手被允许，而男士在握手时不要戴着手套。

4. 握手时，另外一只手不要依旧拿着东西不肯放下，如拿着报纸、公文包等。

5. 握手时不要仅仅握住对方的手指尖，好像有意与对方保持距离。正确的做法，是要握住整个手掌，即使对异性，也要这么做。

6. 握手时不要只递给对方一截冷冰冰的手指尖。这种握手方式在国外叫做“死鱼式握手”，被公认是失礼的做法。

7. 握手时不要把对方的手拉过来、推过去，或者上下左右抖个没完。

8. 不要用肮脏不洁或患有传染性疾病的手与他人相握。

9. 与人握手之后，不要立即揩拭自己的手掌好像与对方握了一下手就会使自己受到“污染”似的。

六、握手训练

在老师的指导下同桌之间互相练习。

第五节　致意与其他礼仪

一、点头礼

点头礼，又叫颔首礼，它适用于路遇熟人或在会场、剧院、歌厅、舞厅等不宜与人交谈之处，及遇上多人而又无法一一问候之时。行点头礼时，一般不应戴帽子。具体做法是头部向下轻轻一点，同时面带笑容，不宜反复点头不止，也不必点头的幅度过大。

二、举手礼

行举手礼的场合，与行点头礼的场合大致相似，它最适合向距离较远的熟人打招呼。行举手礼的正确做法是，右臂向前伸直，右手掌心向着对方，其他四指并齐、拇指叉开，轻轻向左右摆动一两下。不要将手上下摆动，也不要在手部摆动时用手背朝向对方。

三、脱帽礼

戴着帽子的人，在进入他人居所，路遇熟人，与人交谈、握手或行其他会面礼，进入娱乐场所，升挂国旗，演奏国歌等等一些情况下，应自觉主动地摘下自己的帽子，并置于适当之处。女士在社交场合可以不脱帽子。

四、注目礼

注目礼的具体做法是，起身立正，抬头挺胸，双手自然下垂或贴放于身体两侧，笑容庄重严肃，双目正视于被行礼对象，或随之缓缓移动。

在升国旗、游行检阅、剪彩揭幕、开业挂牌等情况下，适用注目礼。行注目礼时，不可歪戴帽子歪穿衣、东斜西靠、嬉皮笑脸、大声喧哗、打打闹闹。

五、拱手礼

拱手礼适用的情况，主要包括过年时举行团拜活动，向长辈祝寿，向友人恭喜结婚、生子、晋升、乔迁，向亲朋好友表示无比感谢，以及与海外华人初次见面时表示久仰大名。拱手礼的行礼方式，是起身站立，上身挺直，两臂前伸，双手在胸前举抱拳，自上而下，或者自内而外，有节奏地晃动两三下。

六、鞠躬礼

目前在国内主要适用于向他人表示感谢、领奖或讲演之后、演员谢幕、举行婚礼或参加追悼活动，等等。

行鞠躬礼时，应脱帽立正，双目凝视受礼者，然后上身弯腰前倾。男士的双手则应下垂搭放在腹前。下弯的幅度越大，所表示的敬重程度就越大。一般身体前倾约 15 度至 90 度。鞠躬的次数，可视具体情况而定。惟有追悼活动才采用三鞠躬。故在喜庆场合，鞠躬次数不可为三。

七、合十礼

合十礼，亦称合掌礼，即双手十指相合为礼。其具体做法，是双掌十指在胸前相对合，五指手指并拢向上，掌尖与鼻尖基本持平，手掌向外侧倾斜，双腿立直站立，上身微欠低头。一般而论，行此礼时，合十的双手举得越高，越体现出对对方的尊重，但原则上不可高于额头。

行合十礼时，可以口颂祝词或问候对方，亦可面含微笑，但不准手舞足蹈，反复点头。

八、拥抱礼

在西方，特别是在欧美国家，拥抱礼是十分常见的见面礼与道别礼。在人们表示慰问、祝福、欣喜时，拥抱礼也十分常用。

正规的拥抱礼，讲究两人正面面对面站立，各自举起右臂，将右手搭在对方左肩后面;左臂下垂，左手扶住对方右腰后侧。首先各向对方左侧拥抱，然后各向对方右侧拥抱，最后再一次各向对方左侧拥抱，一共拥抱三次。

在普通场合行此礼，不必如此讲究，次数也不必要求如此严格。

九、亲吻礼

亲吻礼，是一种西方国家常用的会面礼。有时，它会与拥抱同时采用，即双方会面时，既拥抱，又亲吻。

行亲吻礼时，通常忌讳发出亲吻的声音，而且不应将唾液弄到对方脸上。

在行礼时双方关系不同，亲吻的部位也会有所不同。长辈吻晚辈，应当吻额头；晚辈吻长辈，应当吻下颌或吻面颊；同辈之间，同性应当贴面颊，异性应当吻面颊。接吻，即吻嘴唇，仅限于夫妻与恋人之间，而不宜滥用，不宜当众进行。

十、吻手礼

吻手礼，流行于欧洲国家。它的做法是，男士行至已婚妇女面前，首先垂手立正致意，然后以右手或双手捧起女士的右手，俯首用自己微闭的嘴唇，去象征性地轻吻一下其手指。行吻手礼的特点，宜在室内为佳。

吻手礼的受礼者，只能是妇女，而且应是已婚妇女。手腕及其以上部位，是行礼时的禁区。

◇ 案例

"小日本"不应从刘云飞嘴里冒出

8月3日深夜，当中国男足经过残酷的点球决战艰难战胜伊朗队，杀入本届亚洲杯决赛后，现场6万多名观众沸腾了，全国亿万球迷沸腾了，这时央视记者敏锐地"逮住"了本场比赛中国队的功臣，在点球大战中发挥出色的守门员刘云飞，当记者问他对下场决赛（对阵日本队）是否有信心时，刘云飞不假思索地说："肯定有信心，小日本嘛，肯定，必须，从我心里来说必须把他们拿下。"这一声音通过现场直播清楚地传到了全国乃至海外观众的耳中，随后，4日凌晨，刘云飞在接受媒体采访时再次表示："球已经打到这个份儿上，没什么好说的，肯定要拿下小日本。"

"小日本"这种明显带有歧视性的语言从一个国足队员口里冒出来，实在是不可思议！中国一向奉行国家无论大小、强弱，一律平等的外交原则，称某国为"小××"显然是很不合适的。

由于日本军国主义曾经野蛮地侵略过中国，给中国人民留下了无法弥合的伤痛，再加上近年来日本军国主义势力有所抬头，"小日本"这个产生于特殊年代的蔑称仍存留在我们的心中，不少人也时不时地冒出这句话，这是完全可以理解的。但把这个词带到国际体育竞技场上就显得有失风范。在这届亚洲杯赛中，无论日本队打得再好，得到的也是球迷一阵阵的狂嘘，甚至发生了奏日本国歌时，中国球迷拒绝起立并发出嘘声的情况。对此，不少有识之士大声疾呼球迷要保持冷静，不要把体育和政治扯得太紧，不要用偏激的方式表达“爱国”热情。

对于球迷的言行，只要其不触犯法律，有关方面就只能呼吁引导，不好强加干涉和限制。我们可以在心理上藐视对手，立志拿下对手，但绝对要尊重对手，这才符合体育竞技的宗旨和奥林匹克精神。而“小日本”这样的言语却是对日本足球队乃至其球迷和国民的极不尊重，这样的言语通过媒体传到我们的球迷耳中，无疑会引起不良的示范作用。

其实刘云飞完全没必要在“日本”前面加上个“小”字，只要说“我们一定能拿下日本队”、“打日本队没问题”，球迷也能完全感悟到其决心和勇气，也会不遗余力地支持，而现在这个“小”字却可能损害中国队自己的形象。笔者注意到，一些报纸原文引用了刘的话，这更不恰当。或许刘云飞是在极度亢奋的情况下脱口而出的，媒体在报道时就应将这个词隐去，不应再以此吸引眼球。

案例分析

1. 阅读开篇案例，把“白衣天使”称为“白狼”的个别现象，会给社会带来哪些负面影响？

2. 刘云飞的话违背了哪些礼仪规则？

思考题

1. 介绍的礼仪规则是什么？
2. 称呼的禁忌有哪些？
3. 递接名片的礼仪规则有哪些？
4. 请说出国外几个国家的送礼禁忌。
5. 请说出握手在一般情况和特殊情况下，伸手的先后次序是什么？

综合训练

在老师的指导下，可以编一套礼仪操。边放音乐，边做礼仪操。譬如：先握手、后拥抱、再鞠躬为一套礼仪操。

再譬如：你好（用口语）、请进（用手势）、欠身（用肢体）、点头（用头部）为一套礼仪操。

第六章　公共场所礼仪

◇ 案例

美丽的规则

在一个美丽的傍晚，我们乘一辆车，从澳大利亚的墨尔本出发，往南端的菲律普岛赶。菲律普岛是澳洲著名的企鹅岛，我们去那儿看企鹅归巢的美景。

从车子上的收音机里，我们知道，这个岛上正在举办一场大规模的摩托车赛。司机和导游是中国人，听到这个消息后都显得忧心忡忡。因为根据估计，在我们到达企鹅岛之前的一个小时，这场大规模的摩托车比赛就要结束。根据我们的经验，到时候，观众散场，会有成千上万辆的汽车往墨尔本方向开。因为这条路只有两条车道，我们都担心会塞车，而真正可以看到企鹅归巢的时间只不过短短半小时，如果因塞车而耽误了时间，我们就会留下永久的遗憾了。

司机加快了车速，虽然时值傍晚，夕阳如血，南半球高纬度地区宽阔的海天之间，云彩无比迷人，可是我们都没有心情欣赏或下车拍照。只是担心着一个问题:会不会塞车？会不会因此与美丽的企鹅失之交臂？

担心的时刻终于来了。离企鹅岛还有60多公里时，对面蜂拥而来大批的车流。其中有汽车，还有无数的摩托车。那可是一些特别爱炫耀自己车技的摩托车迷啊！他们戴着钢盔，一副耀武扬威的样子。

此时此际，目力所及，从北往南开的车只有我们一辆，可是由南向北的却何止千辆！我们都紧张地盯着所有从对面来的车辆。然而，出乎我们意料的是，我们双方的车子却依然行驶得非常顺畅。

我们终于开始注意到，对面驶来的所有车辆，没有一辆越过中线！

这是一个左右极不“平衡”“对称”的车道，一边是光光的道路，一边是密密麻麻的车子。

然而没有一个“聪明人”试图去破坏这样的秩序，要知道这里是荒凉的澳洲最南端，没有警察，也没有监视器。有的只是车道中间的一道白线，看起来毫无任何约束力的白线。这种“失衡”的图景在视觉上似乎丝毫没有美感可言，可是我却渐渐地受到了一种感动，我多么希望同样的场景尽早出现在中国的土地上！

夜幕降临了，所有的车都打开了车灯，看着那来自对面一侧的流动的灯光，我感觉到了一种无言的美。我必须说，那是我平生所见过的最美丽的景观之一，它给我留下的印象，甚至要比后来我们如愿看到的场景——暮色之中，可爱的、憨态可掬的小企鹅从海浪里浮现出来，然后摇摇摆摆地踏上沙滩，一路追逐着回到沙丘巢穴——还要深刻。因为，我从那条流淌的车灯之河中看到了规则之美、制度之美，以及人性之美。

第一节　出行礼仪

一、文明行路

讲究行路的公德，反映了一个人社会公德的水平。

1. 遵守交通规则

随着社会经济的发展，道路上的车辆增多，车速加快，车水马龙，交通十分繁忙。“行人要走人行道，过马路要走横线道”，“红灯停，绿灯行”，虽然这些连幼儿园的小朋友都知道，但真正做到却有差距。有一位来自香港的友人，播放了一段在某大都市发生的所见所闻，行人不遵守交通规则等不文明的习惯比比皆是，实在有损国际大都市的形象。于是，该友人中肯地指出，虽然该城市的硬件设施可以与发达城市媲美，但城市的软件，即民众的文明水平急需提高。在文化名人余秋雨先生的《行者无疆》一书中，有这样一段叙述：有一天，余先生和一位德国学者在斯图加特的一个路口等红灯，在这个人口稀疏、交通冷清的城市，极目左右都没有车辆的影子，即便冲着红灯直穿过去也没有任何危险的路口，人们还是规规矩矩地等着。从社会学的角度看，究竟出于一种什么制约？德国学者回答余先生说，规则后面有一个严密的逻辑：据统计，我国每年因交通事故死伤数十万人，而城市街道穿行者中，受交通事故伤害最大的群落是孩子；孩子们所接受的最有效的教育来自于他们对成人的观察。据统计，孩子观察世界的一个重要地方就是自家的窗口，因此，当你四顾无人无车贸然穿越了红灯时，路边排排高楼的无数窗口就有许多孩子在观看。于是，这就等于给孩子们一个反面教育：穿越红灯没有危险，不守规矩无关紧要。所以，我们遵守交通规则，不仅是为了他人，也为了自己，为自己的子女树立正确的榜样，建立遵守规则的逻辑。

2. 行路讲文明

当你在路上遇到老弱病残、孕妇、儿童或负重的人，应主动让路或护送他们过街，在交通拥阻的地段行走，应放慢速度，依次通过，不要前推后拥，以免发生事故。如果不小心碰撞了别人，应主动道歉，及时说声“对不起”。别人不小心碰了或踩了自己，应表现出宽容的姿态，不必计较，必须提醒对方时，可以礼貌而委婉地说:“请你注意一下”。在路上不要三五人勾肩搭背地并排行走，也不要一边走路、一边吃东西或抽烟。

3. 自觉保持道路卫生

不要在路上随地吐痰、乱抛果皮纸屑，自觉尊重环卫工人的辛勤劳动。在国外发达国家，保持环境卫生已经成为人们从小养成的自觉习惯。笔者经常接待一些来访的外国学生，他们保护环境的意识非常强，从未有人乱丢废纸杂物的，这值得我们国人好好学习。笔者曾经在一次中外青少年联欢活动的收场工作中，亲眼看到这样一幕：十几位 12 岁左右的孩子和一位成人正在拾捡场地上的废纸屑，笔者走近一问，才知道这是一群被邀来参加联欢活动的日本学生，在他们的老师带领下，帮助我们的工作人员拾捡中国学生丢下的废纸脏物。

4. 行进中的位次排列

所谓行进中的位次排列，指的是人们在步行的时候位次排列的顺序。在陪同、接待来宾或领导时，行进的位次引人关注。

常规做法有两个不同的方面，与客人并排行进时，有并排行进的做法；与客人单行行进时，有单行行进的做法。并排行进的要求是中央高于两侧，内侧高于外侧，一般要让客人走在中央或者走在内侧，这是并排行进时的做法。当与客人单行行进时，即一条线行进时，标准的做法是前方高于后方，以前方为上，如果没有特殊情况的话，应该让客人在前面行进。

二、乘公共汽车

公共汽车或电车是人们上学、上班等普遍使用的交通工具，也是人员比较多的公共场所。当你在车站候车时，要按先来后到的顺序排队，车辆进站时，要等车停稳后依次上车。如遇老、弱、病、残、孕、童，要让他们先上，对上车不方便的人，应进行搀扶。不要不顾他人地争先恐后，前推后挤，尤其是在上学高峰的时候，特别要关心车乘车的中小学生，避免伤害他们。

上车后，不要与人争抢座位，或用携带的物件为后到的同伴占抢座位。途中如遇老、弱、病、残、孕、怀抱婴儿的人上车，应主动招呼让座。

有一位曾经在日本体验生活的中国学生，在自己的交流体会中写道："一天，我和扶美子（日本学生）外出很晚才回家，在公共汽车上我看到眼前一排很矮的座位都空着，就想都没想地坐了上去。扶美子吓了一跳，赶忙叫我起来，几乎是用责怪的语气说：'这是老弱病残专座，你怎么坐了啊？''可是现在没人啊。'我不解地回答。'那也不能坐啊！'扶美子倔强地说。真没想到，日本公共汽车上的秩序会这么好，要是在中国，别说这种情况，我看就是有老人也不一定会有人让座呢。"外国人对老弱病残者的关心和帮助，值得我们好好学习。即使乘客间稍有碰撞、踩踏，也应及时道歉和体谅，不要互不相让，出口伤人。

保持个人的清洁卫生，衣着整洁，身上无异味等，是每个乘客所必须具备的修养。不把脏东西带上车，携带鱼、肉等生腥食物，应妥善包装，以免弄脏别人；更不要把小动物带上车。如遇熟人，只要点头示意，打个招呼即可，不要挤过去交谈，更不要远距离地大声谈笑，因为，安静也是一种车厢文明。有些人喜欢在车厢里旁若无人地与情人过分亲昵，这也是不礼貌的行为。

三、乘轿车

乘坐轿车首先存在着上下车的问题，一般情况下让客人先上车，后下车。当然，如果很多人坐在一辆车上不方便，那么谁最方便下车谁就先下车，因此乘坐最重要的一个礼仪问题是轿车里位次的尊卑。轿车里的位次，大体上有三种情况，不同情况有不同的讲究。

1. 公务

第一种情况称为公务交往，换而言之，接待客人是一种公务活动。参与活动的车辆归属于单位，驾驶司机一般是专职司机。就双排座轿车而论，公务接待时轿车的上座指的是后排右座，也就是司机对角线位置，因为后排比前排安全，右侧比左侧上下车方便。公务接待时，副驾驶座一般叫随员座，坐秘书、翻译、保镖、警卫、办公室主任或者引方向者。

2. 社交

第二种情况称为社交应酬。工作之余，三五好友外出吃饭活动，这时一般车辆的归属是个人的，开车的人是车主。车主开车时，上座是副驾驶座，表示平起平坐。在这一情况下让宾客坐后座，是不允许的。

3. 重要客人

第三种是接待重要客人。接待高级领导、高级将领、重要企业家时，人们会发现，轿车的上座往往是司机后面的座位，因为该位置隐秘性比较好，而且是车上安全系数较高的位置。

四、自驾车

随着社会经济的飞速发展，自驾车的人越来越多，文明驾车成为现代礼仪中不可缺少的一项行为准则。无论哪个国家，司机除了必须遵守交通规则外，还应该讲究驾车礼仪。

1. 要做到驾车时精力高度集中，行车时不能抽烟、饮食、与人交谈、嬉笑等；杜绝酒后驾车；不要强行超车，开“英雄车”、“赌气车”等。

2. 使用喇叭讲文明。驾车时随意乱按喇叭，尤其在夜深人静时毫无顾忌地乱按一通，会影响他人的正常休息；当在你前方行驶的车辆突然停下时，不要狠按喇叭，因为很可能是因为抛锚。

3. 作为一位文明的司机，应尽量避免将车子开过道路上的水坑，如果无法避免，应尽量开慢些，否则水坑里的脏水会溅到行人身上或其他车上去。

4. 当你的车行至交叉路口时，千万不要随便变换车道，这样做会使身后的车辆无所适从，也很容易酿成车祸；当汽车行至路口、人行道或需转弯时，一定要减速，小心驾驶，做到“一慢二看三通过”。

5. 夜间行驶时，遇到对面有车驶来，你要把车头灯从远光灯切换到近光灯。如果你的车头依然用远光灯，会让对面司机的视力受阻，几乎看不见，很容易发生车祸。这种行为是非常不礼貌的。

6. 不要野蛮超车。有些司机在超车前，不亮指示灯；在公路拥挤时，从一列车阵中脱身而出，开着“s”形的车，野蛮超越前面的车。为了你和他人的安全，以及家庭的幸福，请杜绝这种不文明的行为。

7. 作为一名文明的司机，既要保持车厢内的整洁，又要自觉维护道路的清洁。不能不顾公众利益地边行车边向车外乱扔烟头、空罐等垃圾，更不能打开车窗乱吐痰或抛撒瓜皮果壳等。

五、乘电梯

1. 进入电梯时，应尽量让长者、尊者、残疾人、妇女和儿童先行，晚辈、下属或男士则应用手挡住电梯的一侧门，最后再进。入电梯后，尽量站成“凹”字型，挪出门口的空间，以便让别人进与出。倘若电梯人多，你又恰巧站在门口，必要时可以先走出电梯，主动让道，让别人走出去后再进入电梯。当自己要走出电梯而被别人挡道时，应该说："对不起，请让一下"。电梯如果超载发出警报声时，最后上的人应主动退出，不要强行挤入电梯，延误大家的时间。

2. 如果电梯没有专职操作人员，男士、晚辈或下属应主动站在电梯开关处提供服务，即使电梯中的人互不相识，站在开关处的人，理应做好服务工作。电梯内空间狭小，千万不要抽烟、不要乱扔果皮纸屑；也不宜高声谈笑，尽量少说话。如果发生突然停梯或其他故障，不要惊慌失措，可以及时按动电梯内的报警按钮，安静地等待检修人员的到来。

3. 乘自动扶梯一个重要的礼仪规则是：乘客一律靠右站立，上下排成一列纵队，空出左边的小道留给有急事的人上下跑动。这是国际惯例，请一定遵守。

提醒您：出入无人值守的升降式电梯，一般宜请客人后进，先出。

六、上下楼梯

上下楼梯是在商务交往中经常遇到的情况。上下楼梯时位次排列要注意两点：

1. 首先要单行行进。上下楼梯时因为楼道比较狭窄，并排行走会阻塞交通，是没有教养的标志。没有特殊原因，应靠右侧单行行进。

2. 其次，单行行进时要注意的问题是前方应高于后方，以前方为上。一般情况下，应该让客人走在前面，把选择前进方向的权利让给客人。不过需要强调的是，如果陪同接待的客人是一位女士，而女士又身着短裙，在这一情况下，接待陪同人员要走在女士前面，不要让女士高高在上，因为女士穿着短裙高高在上有可能会出现"走光"的问题，这是不允许的。

提醒您：一般而言，上楼下楼宜单行行进，以前方为上，但男女通行时，上下楼宜令女士居后。

七、乘飞机

1. 由于飞机的特殊性，为了确保航行的安全，顺利、准时抵达目的地，乘坐飞机必须严格遵守各种规定，服从机场和机组服务人员的指挥，做一个文明的乘客。

2. 飞机起飞前 30 分钟，换好登机牌以后，就要密切关注登机的时间，可以在指定的候机厅，安静地等待登机的通知，不要四处乱转，误了登机时间。

3. 上、下飞机时，机组的乘务员会在机舱门口列队迎送乘客。我们对他们的招呼、问候，要给予友好的回应，不要置之不理。上机后要按登机牌的座位号，有秩序地对号入座，不要随意侵占别人的座位。如果你希望换座位，只要机上有空位，可以在飞机起飞，并平稳飞行后，通过乘务员进行调换。随身携带的行李要放在座位上方的行李箱内，较大、较重的行李可交给乘务员，请他们帮助放在合适的地方。

4. 飞机起飞或降落前，乘务员都要检查乘客的安全带是否扣好，座位前的小桌板是否收起，座位的靠背有无放直等，此时必须听从他们的指挥。

5. 在整个飞行过程中，一般都要系好安全带，因为飞机可能会遇到意想不到的气流，并且有很厉害的颠簸。在机上不要吸烟，不要大声喧哗，不要乱扔乱吐东西，乘客因晕机而呕吐时，应吐在专用的清洁袋里。飞机上不属于自己的公用物品，如座位边放置的耳机、救生衣、氧气面罩、阅读用的书刊等，都不能占便宜带走。飞机上的禁用之物、禁动之处，切勿乱动乱摸。

6. 在飞机上用餐，要将座椅的靠背放直，吃东西时要放轻声音，最好别喝酒，以免给你的身体增加过多的负担，因为高空中的空气比较干燥，氧气较少，胃里的酒精需要更多的氧气来消耗;应该多喝点水，补充水分。

7. 尊重乘务员是每位乘客应有的素养，当乘务员送来饮料和食品时，当乘务员为你提供服务时，都要说声“谢谢”;需要他们服务时，只要按一下服务呼叫灯的按钮就行。万一遇到飞机因故晚点、停飞、返航或改降其他机场，应该从大局出发，给予理解和合作，切勿拿乘务员出气，更不要拒绝下飞机或有其他触犯法律的过激行为。飞机上禁止使用移动电话、手提电脑、AM/FM 收音机等干扰无线信号的物品，以免影响飞机的正常飞行，危及全体乘客的安全。

8. 国际航班上下飞机后要办理入境手续，通过海关便可凭行李卡认领托运行李。许多国际机场都有传送带设备，也有手推车以方便搬运行李。还有机场行李搬运员可协助乘客。在机场除了机场行李搬运员要给小费外，其他不给小费。

八、乘火车

1. 乘火车时若有同行者，男士或年轻者应首先上车，找好座位、放好行李之后，再回头帮助女士或长者上车。若找不到座位，则应站在女士或长者身旁，以便照顾。

2. 上车应按次序对号入座。若赶上非对号入座，且遇上有空座的时候，可以在就座前有礼貌地征得旁边乘客的同意，如："对不起，我可以坐这儿吗?"不要不打招呼，见座就抢。

3. 入座后，可向临近的乘客点头致意。若要交谈，也以不妨碍他人为前提，如果身旁乘客正在阅读书刊或闭目养神，卧铺车厢的人正在入睡，就应放低声音或停止说话。如果对其他乘客的书刊感兴趣，未经允许不要取阅，也不要悄悄地凑过去盯着别人手中的报纸、杂志看，可在他不看时有礼貌地向他借阅。

4. 火车上要讲究卫生，果皮纸屑不随手乱扔，也不要将废弃物装入塑料袋中投之窗外。

5. 火车上要注意行为举止，车上再热，男士也不得穿背心甚至上身赤裸，也不得一坐下来就脱鞋，或把腿伸到对面坐椅上去，这是很不文明的。

6. 乘火车时，应将车票随身携带，如去餐厅吃饭或去卫生间时也最好带上车票，因为列车员随时可能验票。

7. 下火车时，应带好自己的随身物品及行李，按秩序从规定的通道口验票、出站。

九、乘客轮

1. 客轮的舱位是分等级的。我国的客轮舱位一般分特等舱、一等舱、二等舱、三等舱、四等舱、五等舱等几种。客轮实行提前售票，每人一个铺位，游船也实行对号入座。因船上的扶梯较陡，所以上、下船大家应互相谦让，并照顾年老者、小孩和女士。

2. 乘客轮时要注意安全，风浪大时要防止摔倒；到甲板上小心；带孩子的乘客要看住自己的孩子；吸烟的乘客要避免火灾；不要在船头挥动丝巾或晚上拿手电乱晃，以免被其他船误认打旗语或灯光信号。

3. 船上的服务设施齐全，有餐厅、阅览室、娱乐室、歌舞厅和录像厅等可供就餐或消闲，也可以去甲板散步，享受浪漫的诗情画意。若房中其他乘客出门，也不要好奇去翻动同房乘客的物品。

4. 乘船时要注意小节。如不要在船上四处追逐，忘乎所以；不要在甲板上将收录机放到很大音量；不要在客房大吵大嚷；晕船呕吐去卫生间；遇上景点拍照不要挤抢等。另外要注意船上的忌讳，如不要谈及翻船、撞船之类的话题，不要在吃鱼时说："翻过来"或说"翻了"、"沉了"之类的语言。

第二节　公共场所礼仪

一、购物

身处商品经济时代的人们，到商店、超市、书店等购物是经常发生的，顾客与营业员之间的关系，应该是相互尊重、相互体谅的文明互动的关系。招呼营业员时，语气要平和，态度要诚恳，可以说："同志，请你……"，或称："师傅……"、"小姐……"等。挑选商品时，不要过分挑剔，实在不满意的可以不买，将商品交还营业员时，要说一声"谢谢"或"麻烦您了"。对易损、易污的商品要轻拿轻放，万一弄脏了，应该买下来，不慎破损的，应该赔偿。如果因为质量问题需要调换商品的，也应心平气和地与出售方交涉，不要争执吵闹；当你在超市挑选商品时，要注意买什么取什么；已经拿好的商品，如果又不想购买时，应该把它放回原货架上，不要随便乱放。当你在看货架上的货物时，注意你所用的手推车的停放位置，不要妨碍别人通行；当人和车交织在一起，经常看见几辆车挤在一起，你要进我要出，他要横穿，你要直行，结果大家都进退两难。

二、在娱乐场所

1. 观看演出应做到仪表整洁，仪容端庄。如上规格的大剧院，应视其为一种隆重高雅的活动，按出席高规格的场合穿戴服饰，男士可着西装或礼服，女士也应着正规套装或礼服，以此来表达对音乐家和艺术家们的尊重。但是如果参加摇滚音乐会或爵士音乐会，穿着可以随便些。

2. 提前入场，不要迟到，不要因为找座位而打扰已经入座的观众和表演。音乐会的场内管理相对比较严，通常在一首曲子结束，而等二首曲子尚未开始时，才允许迟到的观众入座。当走过别人的座位时，要为挡住别人的视线而表示歉意。一旦你的座位被别人占了，别与人争吵，最好去请剧场的检票员或工作人员来澄清误会，不必为此焦躁不安，更不必大动干戈。入座后，一般不能随便离座走动，遇到特殊原因需中途离席的，应等到演出的间隙，轻轻地弯下身子离开，同时向被打扰的观众轻声致歉，对起身礼让的观众表示感谢。

3. 演出开始后，就要安静，不宜大声说话，绝对不能在场内吸烟，如果不允许在场内吃零食，就不要把食物、饮料带进场。在音乐厅里，连咳嗽都得忍住，实在忍不住时，也要用手帕捂住嘴。打哈欠、打喷嚏时，一定要用手遮挡。在演出中，尤其是在音乐会上，不要与旁人说话，即便轻声也不行。对一个音乐爱好者来说，一点点细微的声音，都是不能容忍的。

4. 如果你被剧情所打动，不要在演出过程中叫好或鼓掌。这样会影响演员的表演。鼓掌应在一幕戏剧结束或剧终。如果你是观看歌剧，那么通常在一曲咏叹调唱完后鼓掌；如在音乐会上，不要在一个乐章结束时就“迫不及待”地鼓起掌来，应该在全部乐章演奏完毕，乐队指挥站到乐谱架后时鼓掌，除非乐队指挥有意识地指挥全场鼓掌或拍节奏时。主要演员出场时也应报以掌声。倘若你对演奏的乐曲不太熟悉，最好勿为人先，等场内掌声响起后再跟着鼓掌，否则“孤掌独鸣”会很尴尬的。英国著名的莎士比亚戏剧导演彼得·布鲁克曾经说过：“我们常常会忘记戏剧会出现两种高潮。一种是我们大家都狂热地沉醉于期间的狂热高潮：我们使劲地跺脚高声喊叫好极啦！掌声震耳欲聋。而同这种高潮相对立的另一种高潮是肃静，鸦雀无声。这是另一种承认和感谢演出的表现形式。”

5. 入场时应主动关闭你的移动电话和传呼机，或者把它们调到振动挡；如果场内不允许摄影、摄像，应按规则行事。应自觉保持场内整洁卫生，不要随地乱丢果皮纸屑和空饮料罐，更不能随地乱吐口香糖的残渣。

三、在洗手间

在经济发达国家，人们非常注意公共卫生，他们的盥洗室（厕所）都非常干净，可以与家庭的客厅媲美，镜子亮、地板干净，而且无异味。要保持清洁，除了清洁工打扫外，最主要的是靠使用者共同来维护。用完厕所后一定要冲水，现在有不少人没有这一习惯，使得盥洗室的异味很大；冲完水后，用纸巾把马桶垫圈擦干净；洗完手后，用纸巾把手和弄湿的洗手池台面擦干，不要洗完手后挥动双手，试图把湿手甩干，结果弄湿了地板，搞脏了环境。如果人人都能保持清洁，那么留给他人的就是一个干净、清洁的盥洗室。

四、在宾馆

1. 订房预约

最好事先用电话等方式与宾馆服务台联系预约，同时告诉他们哪天、何时入住，计划在那儿住几天，有无同行人员，需要几间和什么标准的房间，申请住房人的姓名等。

2. 文明用房

要爱护宾馆内供旅客使用的各种设施和物品，如桌、椅、床、灯具、电视、空调，以及盥洗和卫生洁具、浴具等。不要在墙上乱涂乱画，不要随地吐痰和乱弹烟灰、乱丢烟蒂，以免烧坏地毯或家具，甚至引起火灾。用完卫生间后要清理干净。淋浴时拉开浴帘，并把浴帘的下端放入浴盆内，免得洗澡时把水泼洒到外面的地板上。如果使用浴缸，用完后要把浴帘的下端恢复放在浴盆的外面，把自己落在浴盆里的头发拾起来 ，丢在废物箱内。宾馆提供的洗发膏、牙刷、肥皂、信纸、信封之类的小用品用不完可以带走，但属于宾馆的财产，诸如毛巾、烟灰缸、茶杯等不能拿走。刚入住宾馆时，应仔细阅读客房内的服务说明书。

3. 注意安全

进入客房要随手关门，不仅要把门锁好，还要挂好门上的保险链，以防万一。出门时，别忘记关门。如带有贵重物品和钱物，应寄放在宾馆的贵重物品寄存处。

4. 举止文明

在宾馆的客房外、过道里、大堂内，不要穿着睡衣或浴衣到处乱转，也不要大声喧哗或乱跑。关门要轻，遇到服务员或其他旅客应礼貌地打招呼。不在自己的客房内大声喧哗或举行吵闹声较大的聚会；收看电视应尽量放小音量。

5. 退房礼仪

退房前，要简单地把房间整理一下，不要把客房内的物品到处乱扔乱放，最好按入住时候的原貌归拢，把要丢弃的东西放在废物箱里；通过整理房间，还可检查自己是否遗漏了物品。退房的时间要安排得宽松些，以免退房的人多，误了乘车的时间。

五、在旅游景点和公园

遵守景点和公园内的公共秩序和管理要求。自觉购票、自觉排队；要爱护景点和公园的一砖一瓦、一草一木；不要乱扔、乱写、乱画；不要大声喧哗；不要让孩子随地大小便；青年男女不要在大庭广众之中过分亲密；到少数民族地区旅游，应尊重当地的风俗习惯和宗教戒规。

六、在医院

到医院看病诊治时，要注意穿着要干净、整洁，注意个人卫生。有些患者不拘小节，穿着油污的工作服去医院看病，有些甚至赤膊就诊。这是对医生和其他患者的不尊重。因为病人身上的污垢和汗水会弄脏医护人员的衣物及医疗器械、用具等，并且影响其他患者的治疗和健康。有些女士就医时为了修饰仪容而红装艳抹，结果造成医生诊治时的失误，难以从脸色上做出正确的诊断。

如果病人自己认为医生对疾病作了不当处理，应心平气和地询问处理依据。即使确认属于医生的责任事故，也不可纠集亲友聚众滋事，应该通过正当的途径解决问题。就医时注意保持环境安静。嘈杂喧嚣的不和谐声音，会使病人烦躁不安，与医院的氛围也不协调。服从医生的诊治，尊重其他医护人员的劳动，保持病房内外的整洁，不在自己的病床周围和床头柜上乱放物品。病房内不宜大声嬉笑喧哗，不可吸烟；如果需要开、闭门窗或电灯时，应征求同室病友的意见，不要独断独行。

七、在储蓄所

自觉排队，尊重储蓄人员。切忌偷窥他人的存折。

八、在校园

1. 尊重教师的劳动

教师的辛勤劳动体现在教学上，学生虚心学习，认真听好老师的每堂课，取得良好的学习成绩，这是对老师最大的尊重，没有什么能比这更能使老师得到安慰和喜悦的了。老师的希望都寄托在学生身上，“小树成材，桃李满天下”，是对老师辛勤劳动的最大回报。

2. 尊重教师的人格

学生和老师谈话时，应主动请老师坐，若老师不坐，学生应该和老师一起站着说话。同老师谈话，要集中精神，姿势端正，双目凝视老师；有不同看法时，可及时向老师请教、探讨；要虚心接受老师批评，不可当场顶撞老师。

3. 注重礼仪形式

见到老师应问好；上下课要起立迎送；进老师办公室时要轻轻叩门，然后开门进去，行礼后说明来意。学生不仅要尊重自己的班主任、辅导员、任课老师，对学校其他教育工作者，包括医生、清洁工也应讲礼仪。

4. 课堂上的礼仪

学生应在课前两分钟内进入教室，做好课前准备，脱帽端坐恭候老师到来。如果遇到特殊情况，不得已在老师上课后才进入教室时，应注意礼貌道歉。课堂上要集中精神，用心听课，积极发言。有问题未经老师允许不要在座位上大声喊，回答老师的问题时，表情要大方，声音要清晰。下课铃响，老师说“下课”后，全班同学起立站好，说“老师再见！”注目老师离去后再自由活动。

5.学生的仪表

在校的学生尚处于求学阶段，因此他们的仪表应以朴素大方、活泼整洁为原则。女生的发式以简洁、易梳理为宜，不宜烫发、盘发，以免破坏了女学生清纯、活泼的形象。女学生在校的仪容应追求自然美，其实青春、天然的少女肌肤是最美的。男生的发式也以整齐、干净、富有朝气为宜，不宜留长发、蓄小胡子。学生的服饰应以色彩鲜明、线条流畅、明快简洁为好，以充分显示出朝气蓬勃的精神面貌。在校内，学生不宜穿过高的高跟鞋，不宜穿戴得珠光宝气。当然，衣帽不整、不修边幅或不注意个人卫生，也是不礼貌的。

6.对同学的礼仪

在学校生活中，同学相互之间应以礼相待，互相帮助，和睦相处。同学之间应注意：

（1）互相尊重，互相帮助。同学之间朝夕相处，难免会产生矛盾，这时态度一定要冷静，虚心听取对方意见，多为对方着想，不要伤害对方的自尊心。不管是错在谁，都要以真诚、友善的态度去解决。当同学有困难或生病时，大家应安慰、探望和鼓励他，祝他早日战胜困难、恢复健康。同学间应时常互帮互助，共同进步。

（2）宽容理解。同学之间，个人的兴趣、爱好、个性、生活习惯、为人处事等方面都有差异，因此，理解是化解差异，沟通与协调的润滑剂。人人都不应以己好去苛求他人，不在小事上挑剔。

（3）讲究礼貌。同学之间也要讲礼貌，书面用语、日常生活用语等都要注意礼貌，与同学交往、活动的行为举止也要文明。

7.住集体宿舍的礼仪

（1）要保证个人物品的整洁。如被褥折叠整齐美观；衣服鞋帽整齐安放；脏衣物及时清洁、晾挂整齐；毛巾、脸盆等洗漱用具与别人隔开；餐具及时清洗、摆放整齐。

（2）不影响他人生活。不随便使用、翻弄或移动他人物品；起床、入寝、熄灯等遵守作息时间；不在宿舍里高声谈笑；听录音机时尽量使用耳机。

（3）爱惜公共财物。节约用电用水，随手关灯，开门关窗要轻，开窗要上钩，出门要关窗。不浪费粮食，不损坏集体宿舍的各种设施。保持集体宿舍的清洁卫生，创造优美、安静、舒畅的良好环境。

(4)注意礼让。与宿舍的同学礼貌、谦让。使用公物时，特别是在公共场合使用水、火，晒衣服，要“先人后己”，礼让三分。在食堂买饭，按秩序排队，不要拥挤。

(5)注意公共安全。不随便带外人进宿舍，尤其是异性宿舍；不随便到其他宿舍串门；出门要随手锁门；自己物品安放好；用电、用火要注意安全。总之，在公共场合和集体的环境中，只有尊重他人的权利，讲究礼仪，规范自己的行为，个人才能更加愉快和自由。

九、在社区

新型社区关系中的礼仪问题：

邻居装修怎么办？

小狗随地大小便怎么办？

自家车位被占怎么办？

邻居杂物堵占过道怎么办？

居民踩踏绿地怎么办？

如何消除电梯间的尴尬？

据统计，60.2%的居民都表示遭遇过“电梯间的尴尬”；49.7%的居民表示经常遇到电梯开后先上后下的情况；35.8%的有人有过“电梯在多层停可电梯开后外面空无一人”的情况；18.2%的人碰到过邻居儿童将电梯一一按亮的尴尬；而54.3%的居民承认“进电梯后从未考虑过要等一下身后的居民”。

◇案例

新加坡的“皮打”

在新加坡有着严厉的公共场所规则，严禁在公共场所随地吐痰、乱扔果皮、乱丢纸屑、乱涂乱画。如果有人违规，被警察发现后，一要罚款，二要“皮打”。

所谓“皮打”，就是用马肚子上上好的皮制作出的皮鞭，抽打违规的人，并且一定要打得“皮开肉绽”。

案例分析

1. 说出看了本章开始的案例有什么感受？并指出你所观察到的中国司机在行车中有哪些不良习惯？谈谈自己步行过马路时有没有抢道的习惯？

2. 新加坡为什么要实行“皮打”这种惩罚制度？

思考题

1. 行进中的位次排列是怎样排列的？
2. 乘公共汽车时应讲究哪些礼仪规范？
3. 乘火车应注意哪些礼貌礼节？
4. 假如你家住在新型社区，你怎样处理新型社区出现的这些礼仪问题？

辩论题

做到文明礼仪是让自己舒服还是让别人舒服？

正方:是为了让别人感觉舒服

反方:是为了让自己感觉舒服

第七章　社交语言礼仪

◇ **案例**

会说话的人，必也懂得听话

小丁是个保健品的推销员，进入了公司后，先做了一个月的职前训练，重点是工作礼仪及销售技巧。训练结束前，训练师特别提醒这些新进的人员：好的推销员，不仅要懂得说话的技巧，更要掌握听话的技巧。

某日，小丁去拜访一位已退休的老先生。

小丁：张伯伯，你气色那么好，是不是每天都在锻炼呀？

此话引出了老先生的话匣子，从每日早上的锻炼到儿子在美国的成就甚至谈到老妻的啰嗦、限制他抽烟等等，犹如找到了知己。

小丁只是在旁边陪着他，偶尔点点头，简单地插上一两句话。

两个钟头后，小丁走出了老先生的家门——

老先生：小子，你卖的什么保健品，明天给我带一箱来。

第一节　交谈礼仪

一、社交语言规范

1. 语言要文明

作为有文化、有知识、有教养的现代人，在交谈中，一定要使用文明优雅的语言，下述语言，绝对不宜在交谈中采用：

(1)粗话。把爹妈叫“老头儿”、“老太太”，把女孩子叫“小妞”，把名人叫“大腕”，把吃饭叫“撮一顿”，讲这种粗话，是很失身份的。

(2)脏话。即口带脏字，说起话来骂骂咧咧，出口成“脏”。

(3)黑话。即流行于黑社会的行话。

(4)荤话。即说话者时刻把艳事、绯闻、色情、男女关系之事挂在口头，说话“带色”、“贩黄”。

(5)怪话。有些人说起话来，怪里怪气，或讥讽嘲弄，或怨天尤人。

(6)气话。即说话时闹意气，泄私愤，图报复，大发牢骚，指桑骂槐。

2. 语言要礼貌

在交往中多使用礼貌用语，是博得他人好感与体谅的最为简单易行的做法。所谓礼貌用语，是指约定俗成的表示谦虚恭敬的专门用语。例如，初次见面，要说“久仰”；客人到来，要说“光临”；等待客人，要说“恭候”；探望别人，要说“拜访”；托人办事，要说“拜托”。

3. 语言要准确

在交谈中，语言必须准确，否则不利于彼此之间的沟通。要注意的问题主要有：

(1) 发音要准确。

(2) 语速要适中。

(3) 语气要谦和。

(4) 要有节奏感。

(5) 内容要简明。

(6) 方言要少用。

(7) 外语要慎用。

二、选择恰当的内容

1. 既定的话题

即交谈双方已经约定、事前有所准备的话题，如征求意见、传递信息、讨论问题、研究工作等等。往往都属于内容既定的交谈话题。这类话题多属于正式场合的交谈，要求严肃、正规，不可言语轻薄、调侃。

2. 高雅的话题

例如文学、艺术、哲学、历史、地理、建筑等等，都是高雅话题。它适用于各类交谈，但要求面对知音，否则话不投机，产生“对牛弹琴”之感。

3. 轻松的话题

即令人轻松愉快、身心放松、饶有情趣、不觉劳累厌烦的话题。例如，文艺演出、流行时装、美容美发、体育比赛、电影电视、休闲娱乐、旅游观光、名胜古迹、风土人情、名人轶事、烹饪小吃、天气状况等等。这类话题适合休闲、闲谈等非正式场合的交谈，但同样要因人、因事选题，才能产生言逢知己、相见恨晚的默契。

4. 时尚话题

即以当时正在流行的事物、事件、现象等作为谈论的话题，如当时的国际、国内形势、天文地理现象等等。

5. 擅长的话题

指交谈的双方，尤其是交谈对象有研究、有兴趣的主题，如，与医生谈健身祛病之法；与学者谈治学之道；与作家谈文学创作等等。

6. 根据不同对象选择不同的表达方式

如果对方讲普通话，就尽量使用普通话与之交谈。还有，交谈中应注意根据对象选择不同的表达方式，例如：对待普通市民适宜用通俗易懂、用最接近生活的日常语言与之交谈，而不宜用深刻的哲理性语言，或者枯燥生硬的逻辑推理；对待学问较高深的人适宜用提纲挈领、逻辑严密的方式进行交谈，而不宜用简单无聊、杂乱无章的语言进行交谈。

三、言谈交流中的禁忌

1. 涉及个人隐私的话题

个人隐私，即个人不希望被他人了解之事。如有关对方年龄、收入、婚恋、家庭、健康、经历等一类涉及个人隐私的话题。

2. 捉弄对方的话题

俗话说：“伤人之言，重于刀枪剑戟”。在交谈中，以捉弄人的话题展开交谈，不仅失礼，而且还会损害双方关系，影响正常的人际交往。

3. 非议旁人的话题

有人喜欢在交谈之中传播闲言碎语，制造是非，无中生有，造谣生事，非议其他不在场的人士。这类非议他人的言谈是非常失礼的行为，这样做非但不能说明自己待人体己，反倒证明自己少调失教，是搬弄是非之人。

4. 令人反感的话题

一些令交谈对象感到伤感、不快的话题、错误倾向的话题以及对方不感兴趣的话题，如违背社会伦理道德、生活坠落、思想反动、政治错误、违法乱纪之类的话题，都属令人反感的话题，不宜作为言谈交流的主题。

5. 避开一些不宜在友好交谈中出现的事情，如疾病、死亡、黄色故事、淫秽行为等。

6. 忌用的语气

(1)命令式的语气。这种语气会使对方有一种被驱使的感觉，使人心理上感到不平衡，有不受尊重的感受，是一种不礼貌的表达方式。

(2)质问式的语气。这种语气会使人产生一种被审讯、训斥的感觉，同样缺乏对他人的尊重，往往让交谈对象在感情上难以接受，而产生抵触不合作的情绪，使交谈难以进行。

四、对交谈方式的要求

进行交谈，还要注意方式。在这里，是有一些技巧可以运用的。

1. 神态专注

在交谈中，各方都希望自己的见解为对方所接受，所以，从某种意义上讲，“说”的一方并不难，难就难在“听”的一方。古人就曾有感而发“愚者善说，智者善听。”所以，“听”者应做到如下三点：

(1) 表情要认真。在倾听时，要目视对方，聚精会神，不要“身在曹营心在汉”，表现出明显走神。

(2) 动作要配合。当对方观点高人一筹，为自己所接受，或与自己不谋而合时，应以微笑、点头等动作表示支持、肯定，或有“心有灵犀一点通”的神情。

(3) 语言要合作。在对方“说”的过程中，不妨以“嗯”声或“是”字，表示自己在认真倾听。在对方需要理解、支持时，应以“对”、“没错”、“真是这么一回事”、“我有同感”，加以呼应。必要时，还应在自己讲话时，适当引述对方刚刚发表的见解，或者直接向对方请教高见。这些，都是以语言同对方进行合作的举措。

2. 语言委婉

在交谈中，不应直接陈述令对方不快、反感之事，更不能因此伤害其自尊心。必要时，在说法上应当力求含蓄、婉转、动听，并留有余地，善解人意，这就是所谓言辞委婉，在交谈中，运用委婉语可采用以下方式：

①旁敲侧击；

②比喻暗示；

③间接提示；

④先肯定，再否定；

⑤多用设问句，不用祈使句；

⑥表达留有余地。

3. 礼让对方

在交谈之中，务必要争取以对方为中心，处处礼让对方，尊重对方，尤其要注意避免出现以下几种失礼于人的情况。

(1)独白。既然交谈讲究双向沟通，那么，在交谈中就要目中有人，礼让他人，使对方有讲话的机会，不要自己滔滔不绝，讲个没完。

(2)冷场。不允许在交谈中走向另一反面，即从头到尾保持沉默，不置一词，从而使交谈冷场，破坏现场的气氛。

(3)插嘴。出于对他人的尊重，在他人讲话时，尽量不要在中途予以打断，突如其来、不经允许地插嘴。这种做法不仅干扰了对方的思绪，破坏了交谈的气氛，而且会给人以自以为是、喧宾夺主之感。

(4)抬杠。抬杠，是指喜欢与人争辩，喜爱固执己见，喜爱强词夺理。在一般性的交谈中，应允许各抒己见，言论自由，不作结论，重在集思广益，活跃气氛，取长补短。若以“杠头”自诩，自以为一贯正确，无理辩三分，得理不让人，非要争个面红耳赤，你死我活，大伤和气，是有悖于交谈主旨的。

(5)否定。在交谈中，要善于聆听他人的意见，若对方所述无伤大雅，无关大是大非，一般不宜当面否定，以免让对方下不了台。

4. 适可而止

与其他形式的社交活动一样，交谈也受制于时间。虽然说亲朋好友之间的交谈往往“酒逢知己千杯少”，但是实际上它仍需要见好就收，适可而止。这样不仅可使下次交谈还有话可说，而且还会使每次交谈都令人回味。

五、谈话的其他技巧

1. 恭维的方法

在与人交往中，适当的恭维与赞美可令对方无限喜悦。所以有人说，恭维是谈话的润滑剂。说恭维话，最根本的一点是要真诚。真诚而恰到好处的恭维，一定可以打动对方的心。若是毫无诚意地胡乱恭维，则只会令人尴尬和反感。如对一位人见人迷的美女，你除了赞美她的容貌外，不妨着重赞美她的优点，比如聪明啦、活泼啦、温柔啦等等，因为她很可能对于“美如春花”、“漂亮无比”之类的套话听得厌倦了。而对于一位相貌平平者，若你说她“太美丽了!”“真漂亮”，则很可能引起她的不快，因为每个人对自己的长相都是心里有数的，不美的你硬要说美，怎不令人反感呢。

2. 要“舍得”调侃自己调侃别人

调侃，可以说是一种善意的嘲讽，往往是从对方的不足或缺点“下手”。比如有人忘性大，朋友常会调侃他:“小王，怪不得今天迟到，是把上班这事给忘了吧?”又或者“这东西还是我拿吧，你拿我不放心，上次你连自己都给弄丢了……”调侃别人，当然是顺口谈笑，容易极了。但调侃自己，换言之叫

“自嘲”，则人们往往不喜欢如此。其实，适时地自嘲，可以化解尴尬，活泼气氛。如小红姑娘，因身材矮小一直找不到如意郎君。一次经人介绍与某青年会面，面毕小红直言了自己对对方的观感，然后要求对方也如是，青年吱吱唔唔地说：“什么都好，就是……”小红快人快语地接上：“就是美中不足，太袖珍了。对不对？”青年对小红的爽快极为欣赏，后两人终于成了一对。

3. 多谈对方少说自己

要想谈话愉快，不妨在谈话中多用“您”或者“你”，而少用“我”。试试看，一定会有好效果。

4. 艺术地表达“歧见”

在表达不同意见时，最忌讳一开始就全盘否定对方，那样做等于是将对方逼到了你的对立面，两个对立的人，又怎能达成一致的见解呢？一般来说，最基本的表达歧见的艺术方法是：先肯定——后提出疑问——再推出自己的见解。

5. 委婉地纠正他人的错误

在社交场合，当你发现对方言语有误时，该如何纠正呢？首先要看当时在场各位的反应，如果大家都没有听出“问题”，而谈话者又谈兴正浓，那么你千万不要急于纠正。可以等谈话结束后，再悄悄地指出对方的错误。如果每个人都发现了“问题”却无人敢于纠正，那你可以写一张小纸条传给谈话者，将他的错误写出来告诉他，他自然会懂得如何“自我纠正”。如果谈话时只有你与对方两个人，而你们又不是很熟悉，你当然不便直接纠正他的错误。这时，你可以使用“重复纠错法”，即有意识地重复他说错的部分，在重复时当然是用正确的发音或措辞，这样，他自然会心照不宣地接受你的“正确信号”，从而改正错误。如果是亲朋好友说错了话，你可以当即委婉地指出，而不采用旁敲侧击的方法。总之，在纠正别人的错误时，切忌采用说教和命令式的口气。温和委婉的态度，才是纠正别人错误的“最有效武器”。

6. 善用幽默

幽默是智慧、爱心和灵感的结晶，是一个人良好修养的表现。在社交场合，幽默可以迅速地消除人与人之间的陌生感，也可以助你增添魅力。一般来说，幽默是将生活中的各种令人烦恼的问题以轻松诙谐的语言表达出来。幽默的人生，是乐趣无穷的。所以，学会和善于运用幽默，会令我们的社交生活更为丰富和快乐。幽默可以化解矛盾，减少社交中不必要的摩擦。

例一，有位顾客在一家饭店吃完饭后对服务员说：“你们的米饭真不错，花样繁多。”服务员不解，问道：“不只是一种吗？”顾客接着回答：“不，有生的，有熟的，有半生不熟的。”

例二，公共汽车突然启动，车上一位男士站立不稳，偶然踩中了一位女士的脚，尚未及道歉，女士感到不快，骂道：“德性！”男士忙说：“这是惯性，不是德性。”

幽默还可以是一种对攻击和侮辱十分有效的反击武器。

例三，德国诗人歌德一天在公园散步，碰到曾恶毒攻击他的批评家。那位批评家傲慢地说：“我是从不给傻瓜让路的。”歌德立即回答：“我却完全相反。”说完转身到一边去了。

7. 善用情感

德国哲人黑格尔曾经说过：“同样一句话，从不同人嘴里说出来，具有不同的含义。”其实，同一句话，即使是从同一个人嘴里说出来，也可以因为音强、音调、音质的不同，面部表情有异，而带有不同的含义，给人以不同的感觉。所以，要在说话中除了说话内容以外，还要控制声调、表情等因素；除了有声语言外，还要借助无声语言。例如，拿托事道请的“请”字来说，如果说请字时，语调先低后高，带有起伏不稳的拖腔，眼睑下垂，脸往上支，就给人以酸溜溜的感觉；如果说话语调短促有力，表情紧张，两眼直视，则给人以命令的印象；音强适中，音质柔和饱满，表情轻松自然，面带微笑，才给人以客气、礼貌的感觉。专家认为“谈话的友好 = 7% 的说话内容 + 38% 的声调 + 55% 的表情”。通过这一公式，我们可以看出，谈话中的副语言，以及表情的重要性。在社会交往场合，有的人总是力图用语言来掩饰自己的真情实感，他们的语言、语调、语速、姿势、表情、动作等等这些无声的东西又将他们的真实心态暴露无遗，甚至即使他们的嘴保持缄默，他们的眼睛也往往会多嘴多舌。当然对于一个训练有素的人来说，声调表情等是可以自己控制的，他们可以用此来调控自己的外在表现，给人以假象。对于这种情况，公关人员应多加注意，综合观察，综合分析，去伪存真，由表及里。即使是普通的人，声音、语调等东西也有可塑性和稳定性，也需要多加思考，才能作出准确的判断。例如：说话速度很快，可能是因为紧张，也可能是因为精力充沛；说话速度缓慢，可能是因为老成，也可能是没有兴致，或者力不从心；说话音量大，可能是身体好，中气足，也可能是因为激动，愤怒；说话结结巴巴，语无伦次，可能是因为缺乏自信，也可能是因为言不由衷；说话痛痛快快，无停无顿，可能是因为坦诚真实，也可能是在毫无根据地胡编乱造。

六、聆听的技巧

1. 聆听的技巧的要点

（1）应尽量把谈话的环境安排到一个安静的地方进行，减少外界噪音对谈话者和自己的干扰。作为社会组织，可能时应建立一个隔音的、灯光柔和的、布置优雅的会客室或洽谈室。

（2）消除心理障碍，保持沉静，不要受情绪和当时气氛的影响。避开先入为主的偏见，不要过早地做出判断，要有平等观念和虚心意识，不要使对方感到窘迫、拘束。

（3）集中注意力，全神贯注地听，不做无关的工作，把自己的知觉、情感、态度全部调动起来，投入地听，用心去体验对方谈话所及的情景。

（4）注意听清对方话语的内在含义和主要思想观点，不要过多地考虑对方的谈话技巧和语言水平，不要被枝节问题所纠缠。

（5）注意说话者的神态、表情、姿势以及声调、语气等非语言符号的变化；尽量“听懂”这类非语言符号传递出的信息，以便能比较准确地了解对方的弦外之音，话外之意。

（6）恰当地提出问题和插话，表明你对对方所谈内容的关心、理解、重视和支持，但不要打断对方的谈话。

（7）如果说话出现冷场，可以接着说话者所说的内容用“为什么”、“怎么样”、“如何”等疑问句发问；要真诚地鼓励和帮助对方寻找解决问题的途径。

（8）由于听话的速度比讲话快（例如，英语每分钟只能讲 175 个词，而每分钟却能听 450 个左右的词），应随时利用时间间隙将讲话人的观点与自己的观点比较，回味讲话人的观点、意图，预想好自己的体态语言，并给对方的谈话以适当的反馈。身体应当稍稍倾向于对方，面带理解性的微笑，并用点头或“真的？”“是吗？”“确实如此？”“太棒了！”等短句给讲话者以支持和肯定。一般来说，“心诚则灵”，任何人都会对有礼貌地聆听自己讲话的人产生感激之情，尊重之意，都会对他们敞开心扉、吐露真情的。

2. 委婉拒绝的语言技巧

委婉拒绝，是一项高难度的专门技巧，在交往中应当认真学习和探讨。只有善于根据不同情况运用不同的拒绝艺术，才能收到较好的效果。在交往中可以适时地表达“不”，但真正能愉快地接受“不”字的人恐怕是罕见的。相反，断然的拒绝必将导致对方的不满。必须表达否定的时候，首先要尊重对方，说话要适当、得体，会使用一些敬语，以扩大彼此的心理距离。我们都有这样的体会，在亲人、熟人面前，我们总是在言语上要随便一些，表现得有话直说，直来直去。我们在面对陌生人时，总是彬彬有礼，说话很注意"分寸"，对方在这样的情景下，很难一下给你提出什么要求，表达什么意愿。当我们需要表达否定的时候，如果也多用敬语，在语言上表现出对对方格外尊重，对方也往往会随之产生"可敬不可近"的感觉。这种用敬语扩大距离的否定法适合在交往还不是太深的公众面前使用。采用诱引方法也是表达否定的极好手段。需要否定时，我们不妨在言语中安排一两个逻辑前提，不直接说出逻辑结论，逻辑上必然产生是否定结论留给对方自己去得出，这样的逻辑诱导否定法如果是在面对上级组织，身处领导地位的公众时使用，效果往往比较理想。例如，战国时，韩国大臣掺留，就曾经有效地使用过这样的方法。有一次，韩宣王就欲重用两个部下一事征求掺留的意见，掺留明知重用二人不妥，但直言其"不"，效果肯定不好，一是可能冒犯韩王，二是韩王会认为自己嫉妒贤能。于是掺留用下面这段话表达了自己的见解：魏王曾因重用这两个人丢过国土，楚国也曾因重用他们而丢过国土，如果我们也重用这两个人，将来他们会不会也把我国出卖给外国呢？掺留这种诱导式拒绝法的效果是显而易见的。

第二节　电话礼仪

一、打电话礼仪

具体而言，在打电话时，要时间适宜、内容简练和表现文明。按照惯例，通话的最佳时间有二：一是双方预先约定的时间，二是对方方便的时间。

(1) 不要在他人的休息时间之内打电话。如，每日上午 7 点之前、晚上 10 点之后以及午休的时间；也不要在用餐之时打电话。

(2) 在问候对方后，就要自报家门，以便让对方知道你是谁。

(3) 终止通话预备放下话筒时，必须先说一声"再见"。

(4) 电话需要通过总机接转时，要对总机话务员问一声好，还要说一声"谢谢"。另外，"请"、"麻烦"、"劳驾"之类的谦虚词，该用也一定要用。

(5) 通话时，电话忽然中断，依礼应立即再拨，并说明通话中断的原因。不要不了了之，或等对方打来电话。

(6) 若拨错了电话号码，应对接听者表示歉意。不要一言不发，挂断了事。

(7) 打电话时，不要把话筒夹在脖子下，不要趴着、仰着、坐在桌角上，不要高架双腿在桌子上。

(8) 通话时，不要嗓门过高，免得令对方承受不起。标准的做法是，声音适中，话筒与嘴的距离保持3厘米左右。

(9) 打电话时不要吃东西。

(10) 终止通话放下话筒时，应轻放，不要用力一摔，令对方怀疑你要态度。

二、接电话礼仪

(1) 电话铃声一旦响起，即应立即停止正在做的事，尽快予以接听。这反映着一个人待人接物的真实态度。

(2) 电话铃响以后，应亲自接听电话。不要让人觉得你妄自尊大。

(3) 因特殊原因，电话铃响了许久才接电话的话，要在通话之初向对方表示歉意。

(4) 接听电话时，以铃响三次拿起话筒为最好时机。

(5) 拿起话筒后，首先向对方问好。如，“您好”，“请问您找哪位？”

(6) 通话时，要聚精会神地接听电话，并语气谦恭友好。当对方身份较低时或有求于己时，不要拿腔拿调，戏弄嘲讽对方。

(7) 通话终止时，要向对方道一声“再见”；通话因故暂时中断后，要等候对方再拨进来。

(8) 接听电话时，不要与人交谈、看文件，或者看电视、听广播、吃东西。

(9) 在会晤重要客人或举行会议期间有人打来电话，可向其说明原因，表示歉意，如，“对不起，我正在开一个很重要的会议，结束后，我与你联系。”

(10) 接听电话时，有另一个电话打进来，千万不要不理睬。可对正在通话的一方说明原因，要其稍候片刻，然后立即去接另一个电话。待接通后，先请对方稍候，或过一会再打进来，随后再继续方才正打的电话。

三、代接电话礼仪

1. 要以礼相待

接电话时，对方所找的人不是自己，不要显得不耐烦，以“不在”的回答打发对方，而应友好地问：“对不起，他不在，需要我转告什么吗？”

2. 要尊重隐私

(1) 代接电话时，不要询问对方与其所找之人的关系。当对方有求于自己，希望转达某事给某人时，要守口如瓶，千万不要随意扩散。

(2) 即使对方要找的人就在附近，也不要大喊大叫，闹得尽人皆知，四邻不宁。

(3) 别人通话时，不要旁听，更不要插嘴。

3. 要记忆准确

(1) 代接电话，对方要找的人不在时，应向其说明后，问对方是否需要代为转达。如对方有此请求时，一定要照办。

(2) 对方要求转达的具体内容，最好认真做好笔录；对方讲完后，应重复一遍，以验证自己的记录正确无误，免得误事。

(3) 记录他人电话，包括通话者单位、姓名、通话时间、通话要点、是否要求回电话、回电话时间等几项内容。

4. 要传达及时

(1) 代接电话时，先要弄清楚对方是“谁”、“找谁”这两个问题。对方不愿讲第一个问题，不必勉强。对方要找的人不在，可据实相告，再询问对方“有什么事？”若是二者先后次序颠倒了，就会令对方生疑。

(2) 若对方所找的人就在附近，应立即去找，不要拖延。答应对方代为传话，就要尽快落实。

(3) 不到万不得已时，不要把自己代人转达的内容，托他人转告。这样，容易使内容走样，而且有可能会耽误时间。

四、手机的使用

1. 手机的携带

(1) 常规位置。

(2) 可以放在随身携带的公文包之内。

(3) 可以放在上衣口袋之内，尤其是上衣内袋之内，但注意不要影响衣服的整体外观。

(4) 不要在不使用时将其执握在手里，或是将其挂于上衣口袋之外。

2. 暂放位置

有时自己不方便把移动通讯工具放在常规的位置，可以暂作变通。

（1）在参加会议时，可将其暂交秘书、会务人员代管。

（2）在与人坐在一起交谈时，可将其暂放手边、身旁、背后等不起眼之处。

把手机挂在脖子上、腰上、手上，或握在手上，均不雅观。可能的话，应把它放在手袋或口袋内。

3. 使用手机的禁忌

使用手机、寻呼机等移动通讯工具，可以方便交际联络。同时，一定要严格遵守使用规则。否则，就会有损自己的形象。

（1）使用移动通讯工具时，绝对不允许扰乱公共秩序，给公众带来“听觉污染”。

（2）不应在公共场合，尤其是楼梯、电梯、路口、人行道等人来人往之处，旁若无人地使用移动通讯工具。

（3）不得在要求“保持安静”的公共场所，如音乐厅、美术馆、影剧院，动不动就用嗓门对着手机喊叫。必要时，应关机，或让其处于静音状态。

（4）不允许在上班期间，尤其是办公室、车间里，因私使用自己的移动通讯工具。

（5）在开会、会见等聚会场合，不能当众使用移动通讯工具，以免给别人留下用心不专、不懂礼节的坏印象。

4. 注意安全

移动通讯工具的使用会分散人们对别的事情的注意力，它本身还会产生电磁波。应注意使用移动通讯工具时，必须牢记安全准则。

（1）在驾驶汽车的时候，不要使用手机通话，或是查看寻呼信息。

（2）不要在加油站、面粉厂、油库等处使用移动通讯工具，免得它们所发出的信号引发火灾、爆炸。

（3）不要在病房内使用移动通讯工具，以免其信号干扰医疗仪器的正常运行，或者影响病人的休息。

（4）不要在飞机飞行期间启用手机或寻呼机，以免给航班带来危险。

（5）涉及商业秘密、国家安全的事项最好不要用手机交流，因为手机容易出现信息外漏，产生不良事端。

第三节　书信礼仪

信是反映写信人的外表、气质甚至修养的一面镜子。很难想像，一封草率而失礼的信，会出自一个很有修养的人。性格、气质不同的人，会写出风格不同的信，或温文尔雅，或粗犷豪放。但无论是什么风格，都要遵循写信的规范、礼仪。

一、普通书信

1. 信瓤的写法

一封完整的书信，其内容应包括称谓语、问候语、正文、敬礼语、具名语、日期等，每一部分的内容，都有特定的要求和格式，下面分别介绍。

(1)称谓语。是写信人对收信人的称呼，写在信纸的第一行，左起顶格写，后面加冒号单独占一行，以表示对收信人的尊重。

①一般来说，收信人如果是自己的家人，平时怎么称呼，写信时就怎么称呼，如:爸爸、妈妈、哥哥、姐姐等。

②收信人是一般的长辈或平辈，可以用姓加称呼，如:陈叔叔、关伯伯、刘大姐等。

③给德高望重的老人写信，一定要慎重，如果收信人和你的关系密切，是忘年之交，称呼起来就比较随便，如:王老、刘爷爷;如果给关系一般的老同志写信，要视对方的身份来确定称呼，是领导的，可用姓加称呼，如:解书记、王部长;如果是教授，可用赵教授、刘先生等。

④给不太熟悉的人写信，可以用姓加同志进行称呼，如:王同志;给熟悉的人，但关系一般者写信，可以用名加同志，如:志阳同志。

⑤长辈给晚辈写信可以直接称名，甚至小名。平辈之间、同事之间写信也可以直接称名。平辈之间为了表示尊敬，均可称对方为兄，而称自己为弟。

⑥中国古代关于写信的称呼是有许多讲究和规矩的，旧体书信的称谓，一般均是称呼加提称语，不同的称呼配不同的提称语。用于主父母或父母的提称语，为:膝下、膝前。如给父母写信，称谓应是:父母大人膝下。用于长辈的提称语有:尊前、尊鉴、赐鉴、侍右;用于师长的提称语有:函大、讲座、道席、坛席等;用于平辈的提称语有:台鉴、大鉴、如握、如晤;旧式书信的称

谓，除提称语准确、符合辈分外，还应符合习惯。如:对比较尊敬的人应称字，而不称名，否则会被人认为是不礼貌的。一般，称教师为夫子，称自己为受业;称他人为贤兄、贤弟，称自己为愚兄、愚弟等。

(2)问候语。是表示对收信人的一种礼貌，同时也是向正文的一个过渡。问候语应从称谓的下一行开始写，左起空格。既可以单独或一段，也可以接着写正文。问候语写什么，要看信是写给谁的，因为什么写信。给一般的同事、朋友或长辈写信，可用“你好”、“您好”！问候病人的信，可写“近来身体好些了吗?”给许久不见面的朋友写信，可写“好久不见，你好吗?”

(3)正文。正文是一封信的主体，写时要在问候语下另起一行，空两格写，也可接着问候语直接写。写正文时，一般要有缘起语，即正文的开头。如果是复信，应写明对方来信已收到。

(4)敬祝语。正文写完了，信该结尾了，通常写一些表示敬意的或祝愿的话。敬祝语可分两部分写，前一部分连接正文，可以另起一段，空两格写;后一部分必须另起一行，顶格写，不要空格，以示尊敬。敬祝语的前一部分一般是此致、敬祝、祝、祝你等，后一部分则要看收信人的身份及信 的性质，如果是给长辈写信，一般是祝身体健康、安好;如给平辈写信，可写敬礼、愉快;给晚辈写信可写些鼓励的话，如学习进步、健康聪明等。

(5)具名语。具名是写信人的姓名，完整的包括修饰语，写信人的身份加姓名;讲究一些的名后加具名语，写在敬祝语的最后一行的右下角。按习惯，身份或修饰语可以单独占一行，字写小些，下边往后稍稍一点再写名字，如:你的朋友秀英，外甥杨磊等。如果是关系很密切的人写信，署名时可以写名字的最后一个字，如敏、云等。具名要和开头的称谓相对应，称谓比较随便，具名自然也比较随便;如果是采用旧体格写信，一般在具名的后面还有一个词，叫具名语，发信人的身份不同，具名语也不一样，如儿女写给父母的信，具名时一般先写一个小男(女)字，再写某某叩上，或写儿某某叩禀、敬禀。写给平辈的信时具名语:谨启、手启。长辈写给晚辈或上级对下级:字、谕、手谕、手白等。

(6)日期。信的最后一行是写信的日期，写在具名的下一行，再靠后一点。

(7)附语。如果信写完之后，发现忘了什么事情没说，可在信的最后一行下，另起一行，空二格写附语。写附语时一般开头用“另外”、“又及”、“另”等字开头。

2. 信纸的选择

应根据信的内容，选择不同的信纸。平常的书信，可用一般的格子纸；某种特定意义的信，可以在白色的信纸上画一些装饰图案；如果是情书，可画一些朋友、爱人的属相动物，或对方喜欢的小动物、花草等；办理公务用的信纸，最好用印有公司(单位)抬头的信纸；而写家信、情书或其他私人信件，最好不要用有抬头的信纸，否则使人感到不亲切。在国外，信纸的种类很多，收信人往往能从写信人所用的信纸来判断写信人的性别和身份，如：女士用的信纸为白色、奶油色、灰色、蓝色或者绿色。信纸尺寸一般较小或中等，并印有其他颜色的边；男士用的信纸则比较保守，多为全白色、奶油色、花岗石色，尺寸中等偏大，再加印地址和姓名缩写。另外，还有全家通用信纸、青少年用纸。

3. 信纸的折叠法

折叠信纸是非常有讲究的，一般的折法是文字向外，先直后横，或先横后直，但信纸顺折向上最为合适，因为收信人折信封后，抽出信纸便能看见自己的名字。文言体的书信折法讲究颇多，如折成方形，即由两个斜方形部分叠合而成，是表示爱情的书信；长辈给晚辈，上司给下属的信纸应上长下短朝里折叠，表示坐着把信交给收信人，反之则上长下短朝外折叠，表示晚辈跪着交信。平辈或同学、朋友间的信纸上下比齐，居中折叠，以示不分尊卑高下。

下面介绍几种常见的信纸叠法：

(1)大信纸的折法。把信纸从下向上折，顶端留出大约 1/4 的空隙，然后从右向左折成三份，其边缘也留出 1/4 厘米，便于收信人展开信纸。

(2)小信纸的折法。从下向上折成三份，边缘留出 1/4 空隙。

(3)正方形信纸的折法。把它先折成方形。先从下向上对折，再从右向左对折，边缘也留出 1/4 厘米。

(4)长方形信纸的折法。先将信纸的左下角向右上角沿正方形的对角线斜对折，再从左向右对折，余角由下往上折。

4. 信封的选择

选择信封，一是要符合邮局规定的标准，二是要美观大方。一般说来，写普通书信，选择信封，只要美观大方即可。但如果是专用书信，则要考虑什么样的合适。如吊唁用的信封颜色最好以素色为主；如果是给老人祝寿的信，最好选购有喜庆寿星图案的信封等等。

5. 信封的写法

信封首先要写收信人的地址，横式信封从上往下写，竖式信封从右往左写，但无论是横式信封还是竖式信封，写第一行时均不要顶格写，顶格写，一来不美观，二来收信人折信时，容易把字撕掉。横式信封一般在邮政编码后，竖式在右边往下错几个字开始写。

写信封时还应注意：

(1)寄往城市的信，要写明收信人的省、县、区、街和门牌号码。

(2)寄往单位的信，除写明单位的所在地以外，还应把单位的全称、收信人所在科室或信箱写清。

(3)为了礼貌，姓名后面最好加上先生、女士等称呼。

(4)写收信人的姓名称呼和收、启之类的词时，三者之间最好能写在同一行上。有的人把姓名后面的称呼，或收启之类写得很小或用括号括上，是不必要的也是不礼貌的。信封的最后一行要写寄信人的姓名或地址，写在信封右下角。

(5) 托人转交信，收信的地址则不用写了，只写面交、烦交、呈交等字样，中间姓名的写法同邮寄的相同，信封下面寄信人的地址也不用写。托人转交的信一般不封口，这是对受托人的信任。

二、家书

所谓家书，顾名思义，即家庭、家族成员之间来往的书信，传统上尤其指祖、父、子三代以及兄弟姐妹间的来往书信。由于家书是家庭、家族成员间的往来书信，故而在表情达意方面更加委婉别致；同时，由于传统中家的地址的重要、家礼的要求，也使得家书在礼仪表现上同样分突出。

家书的内容是多方面的，通报消息是其重要的一环。对于外出的尊长来说，这固然也是情理所然，但对外出的晚辈来说，向家中的长辈通报消息也是礼数的要求。晚辈外出若不频寄家书通报消息，让长辈担心挂念，那就于礼不容了，按礼数来说，这是不孝。因此，晚辈外出应该鱼雁频传、勤加问候。除时常寄平安家书外，逢长辈的生辰寿诞或其他节日、纪念日，寄一封家信，不仅合情，亦合理。

对于今天的年轻人来说，应该经常写信通报自己的情况，问候长辈，这样既合礼数，又符常情。用明信片、电话全然取代家信，也许仍然不该是我们的人情伦理、礼仪规范追求的目标。

三、情书

情书从求爱开始。求爱信可以说是情书中最不易把握的一种，因为这样的信出了毛病，就不可能有情书的继续。写求爱信首先要注意称谓，一般来说，不可太过热火，但也不能混同于一般书信的称谓。如果用了比较亲密或特别的称谓，也可在称呼后加括弧，写上“恕我冒昧，用了这样的称呼”，“不知是否可以这样称呼”等缓冲的话语。结尾的落款也可以大体把握这样的分寸。在书信正文中，表达对对方的仰慕是不会错的，但不宜庸俗肉麻；感情的表达以委婉、尊重对方为宜。求爱信的“求爱”只是对情感历程的一个概括，其具体情形必定是千差万别的，写信者亦可根据自己的情况来确定分寸。但有一条原则是通行的，那就是真诚。

如果接到别人的求爱信，同意恋爱与否，都要做出及时的答复。如果不愿接受，就要写一封拒爱信，回绝对方。爱与不爱，每一个人都有自己的权利，因此写拒爱信也是正常的事情。

写拒爱信应该注意以下几点：

(1)要态度明确，不可含糊不清、模棱两可，引起对方的误解。

(2)要指出拒绝的理由，这样才能打消对方继续交往的念头。写理由在礼仪上有些讲究，即一般不指出别人的缺点，而是从自己的方面找原因，或是从两人性格等不涉及品质一类敏感问题的方面找原因。这样既可以达到目的，又不会伤对方的自尊心。如果并未发现对方有不能容忍的缺点，并不厌恶其为人，拒爱信应该写得尽可能婉转一些，同时可以加上一些耐心细致的分析、说服的内容，设法减轻对方因爱遭到拒绝而产生的痛苦。

(3)写拒爱信千万不能嘲笑、非难对方，这是不礼貌的；更不能将事情公之于众，在大家面前出对方的笑话，那就不仅有违礼仪规范，而且很不道德。

接受了对方的求爱，书信来往中会逐渐进入热恋，这时的情书就是所谓热恋信了。热恋信与前述求爱、拒爱信相比较少些约束，可以顺着自己爱的思路，写出自己最得意的文字。这一阶段的情书最能体现一个人的风格，最少通用的规范。不过，这时的情书也还是要注意，写好以后不要马上寄出，要再看一遍，从内容和形式上进一步加以斟酌，尽可能用自己的语言，不要过多地抄录名人、他人的语句；赞美对方不要过火，也不要向对方提出不适当的要求；要真诚而不夸夸其谈，也不要允诺自己力所不及的事情。

爱情出现波折是常见的事情。如果经过冷静的分析，觉得再无继续的必要，就可以写一封不欲继续交往的信，也就是所谓绝交信。绝交信的原则，和拒爱信基本一致，只是双方已经有一段时间的情感历程，写来更要推心置腹。可能的话，可以通过连续的几封信逐步加重口气，达到拉开距离的目的。

◇案例

阅读本章开篇案例。

案例分析

分析老先生为什么让小丁带一箱保健品来？

思考题

1. 社交语言应遵守哪些规范？
2. 在社交场合中，言谈交流的禁忌有哪些？
3. 如何正确打电话？你会打电话吗？

第八章　仪式与聚会礼仪

◇ **案例**

签　约

中国一家拥有6000名职工的大型国有企业，为了避免濒临破产的局面，想寻找一家资金雄厚的日本企业做合作伙伴。经过多方努力，这家企业终于找到了自己的“意中人”——一家具有国际声望的日本大公司。经过双方长时间讨价还价的谈判，终于可以草签合约了，全厂职工为之欢欣鼓舞。本以为大功告成了的中方人员，没想到在第二天的签字仪式中，公司领导到达签字地点的时间比双方正式的约定晚了10分钟。待他们走进签字大厅时，只见日方人员早已衣冠楚楚地排成一行，正在恭候他们的到来。中方领导请日本人坐上签字台，日方的全体人员却整整齐齐、规规矩矩地向他们鞠了一个大躬，随后便集体退出了签字厅，搞得中方领导莫名其妙，因为迟到10分钟对他们来讲实在不算什么。事后，日本人递交中方一份正式的信函，其中写道:“我们绝不会为自己寻找一个没有任何时间观念的生意伙伴。不遵守约定的人，永远都不值得信赖。”

第一节　仪　式

一、仪式

仪式，是指在人际交往中，主办单位为了总结过去，规划展望未来，用各种比较盛大、隆重、热烈的活动，来激发与会者的某种情感，以引起社会各方面的关心和重视，郑重其事地参照一定的规范和惯例而精心筹划、组织的具体活动形式。日常生活中的仪式种类很多，有庆典性的，如开国大典、节日庆典、周年庆典、表彰颁奖典礼、开业典礼、竣工典礼等；有重大事项性的，如开幕式、闭幕式、开学典礼、毕业典礼、奠基仪式等；有商务性质的，如谈判仪式、签约仪式、剪彩仪式、交接仪式等。

1. 筹备工作

仪式是主办单位举行的重要礼仪活动，只有事先作好充分的准备，才能保证仪式的顺利进行。

(1)明确主题

仪式的主办单位首先要确定活动的主题，期望达到的目的，然后根据主题、目的拟定活动的规模和活动的形式；再依据活动的规模和形式，有针对性地选择活动的场地，筹集活动的资金等。主办方应本着“隆重”、“节俭”的精神，根据活动的主题、目的，以及资金的情况等，拟定仪式的规模、形式、场地等。筹备仪式的时间，也是根据仪式的规模、规格、形式而定的。长的可以是几年，短的可以是几个月。筹备时间的长短，应根据活动的实际要求，主办方的人力、物力、财力而定。

(2)落实分工

仪式的时间一般不会很长，但其规格高，事关重大，不可小视。为了有利于精心准备，有必要将筹备工作分成几摊。首先落实一个部门或人负责全面领导和协调筹备工作，然后根据仪式的要求，安排负责有关工作的部门或人，如：负责仪式活动策划的，负责礼宾接待和联络的，负责仪式程序准备的，负责会场设计和布置的，负责后勤保障的，负责会计出纳工作的，等等。各个部门和有关人员必须各司其责，协调配合，以保证仪式的顺利进行。

(3)拟定程序

仪式的程序是筹备活动的中心环节，仪式的效果如何，是否有新意，能否引起与会者的共鸣，主要决定于仪式的程序安排。

一般的仪式程序由以下几项组成：

①主持人宣布仪式开始。此时可插入锣鼓、鞭炮、乐队奏乐等。

②介绍出席仪式的主要来宾。

③致辞、讲话。此项内容可以邀请上级领导、主要来宾承担，主要表达对主办单位的祝贺、期望等。

④汇报发言。此项由主办单位代表承担，表达对各级领导、社会各界的感谢，简要介绍本单位的工作情况等。

⑤剪彩(揭幕、奠基、颁奖等)。此时是仪式的高潮，可以用锣鼓、乐队奏乐、燃放烟花爆竹、升气球、放飞鸽子等形式烘托气氛。

⑥宣布仪式结束。为了体现仪式活动热烈、隆重、庆贺的气氛，不少主办方会同时安排酒会、冷餐会、宴会，或者大型的文艺演出、体育比赛、游园

等活动。

(4)重点工作

①安排致辞、讲话的领导和嘉宾是仪式的重要一环，既要根据致辞、讲话人的身份、地位撰写内容，又要言简意赅，抓住要点，切忌啰嗦冗长。

②落实出席仪式的嘉宾和领导需要考虑周到、精心准备。发请柬的时间需要提前安排，并且要按照有关的操作程序，尤其是邀请级别较高的领导，更要有充分的准备和认真的安排。发送请柬时，要同时将会议的地点交代清楚，必要时可以附上简易的地图，如果是大型活动需要控制车流量的，要同时附上嘉宾的“车辆通行证”。请柬发出后，应及时了解被邀请的主要嘉宾是否能如期出席，以便主办方的安排。

③仪式主持人及司仪的挑选也很关键，组织者要挑选有主持经验的、口才较好、应变力强的人担任司仪，优秀称职的司仪可以调节会场的气氛，把握仪式的时间、激发与会者的情绪等。当然，有些重要的庆典活动，往往安排有关领导主持。

④要做好宣传舆论工作。可选择有影响力的大众传媒，事先进行集中性的宣传、广告；进行仪式时可邀请有关传媒机构的记者作现场采访、报道，加强对本单位的宣传力度。

(5)掌握流程

有经验的仪式筹备者，很注意掌握筹备的进程，一旦仪式计划书出台、组织分工明确后，就应根据筹备的任务、完成的时间、任务的责任人等，排出筹备工作的“任务流程表”。负责筹备工作的领导应定期检查落实任务完成的情况，及时调整人员、任务、财力等，确保按期按质完成筹备工作。

2. 仪式的过程

仪式开始后，工作人员应该按照事先安排好的计划，有条不紊地进行。

(1)分工明确，各就各位

如果说筹备过程中允许一人身兼数职的话，那么，仪式进行的当时，组织者最好不要这样安排，尤其是需要同时进行的工作岗位，尽量是一人一岗。如负责接待来宾的人，又同时负责场内的队伍调度；负责会场主席台上音响操作的人，同时兼任会场内的保安工作等，这些显然是不合适的，会使工作人员顾此失彼，无所适从，从而影响工作。如果因为人手不够，需要兼职的话，最好把上岗位的时间错开，如负责会前签到的接待员，在完成会前的签到工作后，可以兼任会后的点心、资料等发放工作。总之，组织对现场工作人员的安排，一定要做到事先分工明确，临场各就各位，各司其职。

(2)临场检查，安排坐席

仪式开始前的3～5小时，主要组织者应该最后再检查一遍仪式会场、主席台上的会标等环境布置、接待工作等是否准备就绪，如果发现问题可及时解决。了解将在主席台就坐的嘉宾、领导是否能按时出席，然后根据领导、嘉宾的地位、身份的高低，安排座位和席卡。如果在主席台就坐的人数为单数时，可按图(1)所示，如果人数为双数时，可按图(2)所示。

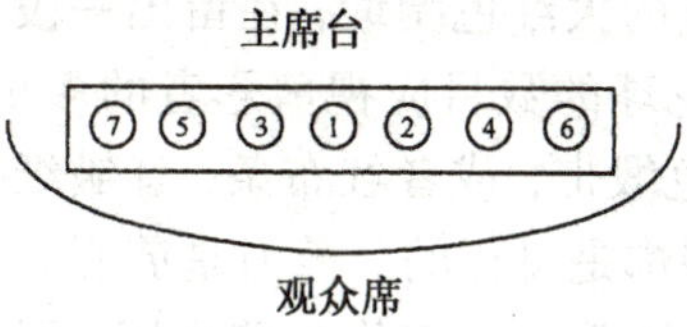

图(1)

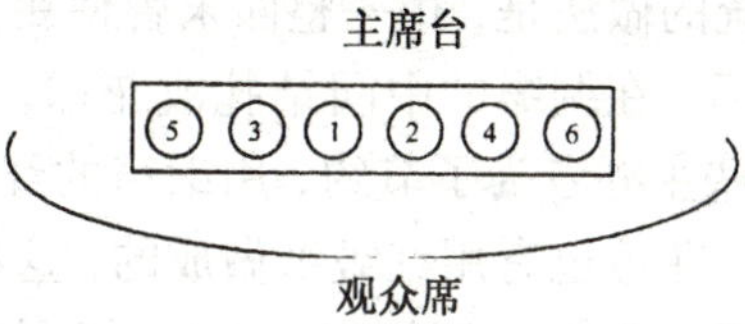

图(2)

(3)接待宾客

当一切准备就绪后，接待人员应提前30分钟～1小时的时间在会场门口迎接宾客的到来。会场门口要安排签到台，负责签到接待工作的人员，要站在签到台的后侧，面对宾客，随时接待宾客签到。当宾客到达时，应主动以礼相迎，并引导到贵宾休息室或会场就坐。主要贵宾驾到时，主办方的主要领导应亲自迎接，并陪同贵宾交谈、休息，等待仪式的开始。仪式时间一到，即请贵宾和有关人员进入会场就位。

(4)举行仪式

仪式开始后，按既定的议程有序地进行。期间可以用乐队、礼炮、音乐、鼓掌等烘托气氛。仪式结束后，要及时欢送宾客，处理善后事宜，清理现场，慰问工作人员等。有关仪式的账目结算、工作总结、资料存档等工作，也应抓紧时间及时完成。

(5)注意事项

①主办方要热情、礼貌地迎接、安排来宾，并且做到有始有终，直到送走最后一位客人为止。当来宾提出问题或需要帮助时，都要热情相助，不能一问三不知、爱理不理、借故推脱，更不能胡言乱语。如果自己不能解决问题时，可以向来宾说明原因，并及时向有关部门反映。

②主办方要注意仪表整洁、端庄，妆容规范、穿着得体、举止大方。不要东逛西游、交头接耳、打打闹闹。

③来宾方要注意仪表、仪容，尽量做到不迟到、不早退。

④接到邀请后，被邀请者应尽早与主办单位联系，并发出贺信、贺电；可

以向主办单位赠送贺礼，如贺幛、贺匾、花篮等。被邀请上台讲话的贵宾，应首先准备贺词，但内容要简练，切忌冗长繁杂。

二、剪彩仪式

1. 剪彩准备

事先准备好剪彩所需的红色缎带、新剪刀、新托盘等专用工具。红色缎带，传统的做法是，用一整匹未曾使用过的大红色绸缎，在留出一段需要的长度之后，在绸缎的中间结扎成花球，花球的数目应视剪彩者的多少而定。现在有些主办者为了节约，用细窄的红色缎带，或者红布条、红皱纸等代替红绸缎，花球也有用红皱纸做成的，这些都是可行的。剪刀是剪彩者使用的主要工具，所以，应该挑选崭新、锋利又顺手的剪刀作为剪彩用，要保证所有的剪彩者人手一把。剪彩用的托盘也是必不可少的。要选崭新、洁净的托盘，最好在托盘上铺一块深红色的绒布或绸布。托盘由礼仪小姐拿着，剪彩时，可以用一只托盘依次向剪彩者递送剪刀，也可以为每一位剪彩者配置一只专用的托盘，分别由礼仪小姐人手一只拿着，准备届时为剪彩的嘉宾服务。“剪彩”是一种热烈而隆重的仪式活动，为了烘托喜庆的气氛和提升活动的档次，可以在剪彩的主席台上，铺设红色的地毯。

2. 环境布置

开幕（开业）典礼是企业、组织的大喜事，为此，其环境布置也应体现热烈、隆重、喜庆的气氛。整个环境的色调以红色为主。地上铺红地毯，场地的四周悬挂标语、横幅、彩带、气球、灯笼等。

3. 确定人员

上主席台剪彩的人员主要由两部分人组成。第一是剪彩者，即手持剪刀剪彩的人。剪彩者可以是一人，也可以是多人。剪彩者一般由上级领导、合作伙伴、社会名流、员工代表等组成。剪彩者应该穿套装、套裙或制服，穿戴要整洁。第二是助剪者，即协助剪彩者剪彩的礼仪小姐，负责引导、拉彩带、捧花球、托盘等。礼仪小姐可以由主办方的女职工担任，也可以请礼仪公司派员工承担。要挑选身材修长、年轻健康、相貌姣好、气质高雅、反应敏捷的女士担任礼仪小姐。礼仪小姐要穿统一的服饰，穿旗袍或穿深色、单色的套裙，其化妆、发型、袜子、皮鞋也应统一。总之，她们的打扮应尽可能整齐划一。

4. 剪彩过程

当主持人宣布开始剪彩时，礼仪小姐应率先登台，可以从台的一侧，也可以分别从两侧上台。上台之后，拉彩者与捧花球者要平行站成一行，面向观众。拉彩者分处两端，拉直红色缎带，捧花球者各自用双手托住托盘，将花球置于托盘中。托剪刀盘的礼仪小姐应站在捧花球者的身后约一米处。然后，引导者将剪彩的嘉宾引到指定的位置，面向观众。等剪彩者到位后，托剪刀盘的礼仪小姐应前行，站立在剪彩者的右后侧，以便为前者递送剪刀。剪彩者在剪彩前应先向拉彩者和捧花球者示意，让他们有所准备，然后手持剪刀，精力集中地剪下庄重的一刀。如果是多名剪彩者，其他的剪彩者应注意主剪彩人的动作，并与之步调一致，剪断缎带。剪下的花球应该落在礼仪小姐的托盘里，不要让它坠地。剪彩结束后，剪彩者将剪刀放回托盘，然后向所有的与会者鼓掌示意，在礼仪人员的引导下退场。

三、开业仪式

为了树立本单位良好的社会形象，扩大影响，提高知名度，企业或组织常常借开业（开幕）的机会，举行热烈而隆重的开业（开幕）典礼。开业典礼可以体现企业及其领导的组织能力、社会交往能力和文化修养，所以，有关单位都会进行精心的筹划。有关开业典礼的筹备工作、仪式过程等，前面章节已经介绍，可以参考。

四、升旗仪式

国旗不仅是一个国家的标志，而且是一个国家及其民族精神的象征。人们在举办各种活动时，常常举行升旗仪式，以表示对国旗的热爱和尊重。

需要举行升旗仪式的专业活动有：接待外国元首、政府首脑；大型国际体育比赛；大型节日庆典、纪念活动；召开国际会议等。接待外国元首或政府首脑，一般是在国宾下榻的宾馆外悬挂主客双方的国旗，以示两国友好。两国国旗并挂，左边是本国国旗，右边是客方国旗。

国际会议通常在会场悬挂与会国国旗，会场所在地也挂与会国国旗。大型国际体育比赛，在运动员住地要悬挂参赛国国旗。在运动员取得优异成绩时，在发奖仪式上要悬挂前三名运动员所在国的国旗。国内举办的各种体育运动会、其他大型会议开幕式上都要举行升旗仪式。在全国性的或国 际性的节日、纪念日时，人们也常常要悬挂国旗。国内一所新校园的落成、新学期开学典礼、少先队入队仪式等，都要举行升旗仪式，以进行爱国主义教育，甚至一些学校把升旗仪式作为每天例行的仪式。国内如遇到某位德高望重、深受人民拥护和爱戴的领导人去世时，人们往往降半旗致哀。通常的做法是:先将旗升至旗杆顶端，然后再降至离杆顶三分一处。升旗的仪式大体相同:事先准备好需用的国旗，并将国旗整理好由两人或四人托着。当主持人宣布升旗仪式开始，升旗手将国旗迎风展开，当乐队奏国歌时，升旗手随着国歌的节奏缓缓地向上升旗，国歌结束时，旗正好升至杆顶。举行升旗仪式时，所有的人都应站立，目光注视国旗，表情应崇敬、严肃，不可随便走动(新闻记者除外)，更不能交头接耳，追逐嬉笑。升旗时也可以随着国歌的乐曲默唱歌词或唱出歌词。升挂的国旗，应是早晨升起，傍晚降下(遇有恶劣天气，可以不升挂)。不得升挂破损、污损、退色或者不合规格的国旗。

五、颁奖仪式

颁奖典礼，一般是指有关单位、团体，对先进集体和个人进行表彰和奖励，而举行的奖状、奖金等颁发活动。通过对先进的表彰，可以对群众进行宣传教育，以达到扩大影响、树立榜样、振奋精神、推动工作的作用。

1. 典礼准备

(1)要在主席台上方悬挂某一主题颁奖典礼的会标。

(2)需要颁发的证书、奖章、奖杯、奖金、纪念品等，应一一备齐，摆放在主席台上。如因主席台的桌子窄小不能放很多东西的话，纪念品可以在会后领取。

(3)应安排受奖者在观众席的第一排就坐，并且按照颁奖的次序，顺序就坐，如果受奖者众多，可以依次坐在第二、第三排。如何上台受奖，组织者应在会前向受奖者交代清楚。

(4)如果受奖的人众多，主席台的桌子上放不下所有的奖品时，可以安排礼仪小姐分批向颁奖的领导、嘉宾递送奖品。

(5)主席台上可以放桌椅，让颁奖者坐在台上，也可以不放。如果在颁奖典礼后还安排文艺演出，以不放桌椅为好，这样可以免去临时撤走桌椅的麻烦。

2. 典礼程序

(1)宣布颁奖典礼开始。(为显示表彰的热烈、隆重、欢庆，此时可以请乐队奏乐、锣鼓闹场等)

(2)介绍出席典礼的领导和嘉宾。

(3)有关领导总结工作。

(4)宣布先进集体和先进个人的名单。如果受表彰的人众多，可以有代表性地宣读。

(5)颁奖。此时应由乐队奏乐或播放欢快而有节奏的音乐。

(6)邀请先进集体和先进个人的代表发言。

(7)特邀的领导或嘉宾讲话。此时可以表示祝贺、勉励和希望。

(8)宣布颁奖典礼结束。

(9)会后，领导、嘉宾与出席颁奖仪式的先进集体和先进个人合影留念。(此议程可根据当时的实际情况安排在典礼前进行也可)

3. 注意事项

(1)颁奖人要用双手把奖品发给受奖人，并主动与受奖者握手致意，以示祝贺。

(2)受奖者要注意自己的仪表、仪容，着装整洁大方，仪容自然端庄。

(3)上台受奖时要按次序走到台上，并面带笑容，不要左顾右盼;用双手接过奖状，向颁奖人表示感谢;然后转过身来，面向全场观众鞠躬、致礼，并双手举起奖状、奖品向观众致意，约 5 ~ 10 秒钟后转身，从主席台的另一侧走下台。

六、签字仪式

1. 签字仪式的位次排列

我国法律规定:合同一般只有当事人达成书面协议并签字时，才能宣告成立。可见，当事人的签字，是合同正式成立并生效的必要条件。为了体现合同的严肃性，在签署合同时，最好郑重其事地举行签字仪式。签字仪式是签署合同的高潮，它的时间不长，但程序规范，场面庄严、隆重而热烈。一般而言，签字仪式可分为双边签字仪式与多边签字仪式。

举行双边签字仪式时位次排列的基本规则包括以下三点:第一，签字桌一般是在签字厅内横放;第二，双边签字者面对房间正门而坐;第三，双方参加签字仪式的其他人员，一般需要呈直线型，单行或者多行并排站立在签字者身后，并面对房间正门，通常面对房门，站在右侧的人是客方，站在左侧的是主方，同时强调，中央高于两侧，也就是双方地位高的人站在中间，站在最外面的人地位相对较低，如果站立的签字参加人员有多排，一般还讲究前排高于后排，站在第一排的人地位较高。

2. 多边签字仪式

所谓多边签字仪式，顾名思义，参加者是三方或者三方以上。多边签字仪式的基本规范礼仪要求有三:第一，签字桌横放;第二，签字座席面门而设，仅为一张;第三，多边签字仪式讲究签字者要按照某种约定的顺序依次签名，而不像双边签字仪式一样大家平起平坐，同时签名。

七、会议次序

1. 会议的位次排列

商务交往中经常会举行一些重要的会议，举行会议时的位次排列就是摆在人们面前不可回避的一个细节。在商务交往中，会议通常可以分为两种，即大型会议与小型会议。

2. 小型会议

举行小型会议时位次排列需要注意以下三点：第一，讲究面门为上，面对房间正门的位置一般被视为上座；第二，商务礼仪的基本要求以右为上，坐在右侧的人为地位高者，在国内的政务交往中采用我国传统做法，以左为尊，而国际惯例则以右为尊，商务礼仪遵守的是国际惯例；第三，小型会议，通常只考虑主席之位，但同时也强调自由择座，例如主席也可以不坐在右侧，或者面门而坐，也可以坐在前排中央的位置，强调居中为上。

3. 大型会议

大型会议考虑主席台、主持人、发言人位次。主席台之位次排列，第一，前排高于后排；第二，中央高于两侧；第三，右侧高于左侧（政务会议则为左侧高于右侧）。主持人之位，可在前排正中，亦可居于前排最右侧。发言席一般可设于主席台正前方，或者其右前方。主席台的位次排列一般讲究以居中为上，以右为上，前排为上。

第二节　舞会礼仪

一、着装礼仪

参加舞会的服饰要整洁大方，仪容端庄。男士应着西装，打领带或领结，皮鞋要擦亮；女士要选择高贵、典雅的裙装或礼服，佩带华美的首饰，穿上高跟鞋，并化淡妆，可适当抹些淡雅的香水，长发的女士最好把头发盘成发髻。

二、邀请舞伴

男女共舞是交谊舞的主要特点。在舞会上，即使男女双方互不认识，也可以互相邀请对方共舞。通常以男士主动邀请女士为主。男士邀请舞伴时，应稳重大方、彬彬有礼地走到女士面前，微微鞠躬，并伸出右手，向女士发出邀请;待对方同意后，陪伴进入舞池。如果被邀请的女士的丈夫、恋人或父母在场，男士可以礼貌地先向他们致意问候，得到同意后再邀女士跳舞;当自己的配偶、情侣被别人邀请时，要大方、大度，不要不悦或阻止。等一个舞曲结束后，男伴要把女伴送回原座并致谢。

三、男女姿势

男女舞伴要相对而立，女士稍偏男士右侧，两人之间相隔五公分为宜。男士左手虎口张开、朝上，并与女士的右手相握，手臂向上弯曲，上臂与下臂形成110度左右的夹角，男士的右手五指并拢置于女士的左肩胛骨下方;女士的右手四指轻压男士的左手虎口，拇指与男士交错叠放，左手置于男士右上臂的三头肌下，成弧形。跳舞时，双方的动作要协调舒展、和谐默契、面带微笑，表情自然。姿势要端正，身体要正直、平稳，不要摇摆身体，切勿轻浮，也不要过分严肃;眼睛自然平视，目光从对方右侧耳朵的上方穿过，双方不可双目对视、“大眼瞪小眼”，也不要左顾右盼、心不在焉。说话要和气，声音要轻细，不要旁若无人地大声说笑。男士不要强拉硬拽;女士不要挂、扑在对方身上，或臀部撅起、耸肩挺腹、驼背屈身。跳舞时的行进移动方向，应严格按照“舞程线”，即逆时针向前进。只有大家都按照“舞程线”的规则运行，才不容易相互碰撞。万一不小心碰撞了别人，要向对方道歉，或者微微点头表示歉意。

四、注意事项

1. 两位女性可以共舞，应当避免两位男士共舞，男士还应避免只与一位女士共舞。

2. 参加舞会时，男士不能穿短裤、背心、拖鞋和凉鞋，女士可以赤脚、露腿、穿凉鞋。

3. 参加舞会前不要吃葱、蒜等带异味的食物，也不要喝烈性酒;不要在舞池内吸烟、来回穿梭，要保持舞场的清洁卫生。

五、拒绝礼仪

一般情况下，在舞会上被人相邀时，通常不宜拒绝对方。一定要回绝对方的话，要注意态度和措词，以免伤害到对方的自尊心。

1. 态度要适当

别人邀请自己跳舞，是尊重自己的表现，所以千万别令其难堪，或受到伤害。

(1)拒绝他人邀舞时，态度要友好、自然，表现要彬彬有礼。

(2)口头拒绝对方时，应起身相告具体原因，同时向对方致歉，说声："实在对不起"。

(3)拒绝一个人的邀请之后，不要马上接受他人的邀请，尤其是不要当着前者的面，堂而皇之地这样做。否则，会被前者视为是对其所进行的一种侮辱。

2. 托词要委婉

拒绝他人时，语言不宜僵硬、粗鲁。通常，拒绝别人，应在说明原因时，使用委婉、暗示的托词。舞会上拒绝别人的托词有下列六种。

(1)"对不起，已经有人邀请了我"。

(2)"对不起，我实在太累了，想单独休息一会儿"。

(3)"对不起，我不会跳这种舞"。

(4)"对不起，我不喜欢跳这种舞"。

(5)"对不起，我不熟悉这首舞曲"。

(6)"对不起，我不喜欢这首舞曲"。

第三节　宴请礼仪

一、宴请的基本形式

1. 宴会

宴会是指比较隆重、正式的设宴招待，宾主相聚在一起同饮共餐的进餐活动。其在层次上分，有国宴、正式宴会、便宴、家宴等；按举行的时间分，有早宴、午宴、晚宴。不同的宴会，其隆重的程度、出席的规格、菜肴的品种和质量、价位等均不同。通常的做法，重要的宴会安排在晚上举行。

(1)国宴。是由国家元首或政府首脑为欢迎外国元首、政府首脑或为国家的庆典而举行的宴会。这是最高规格的宴请活动。安排此宴会需要排座次。如果是涉外国宴，宴会厅内要悬挂两国国旗，安排乐队演奏两国国歌和席间乐曲，主、宾双方要致辞、祝酒。

(2)正式宴会。这种形式的宴会除不挂国旗、不奏国歌，以及出席规格与国宴有差异外，其余的安排大体与国宴相同，宾主均按身份就座，按要求着装;有些也会安排乐队演奏，菜肴、酒水、餐具均很讲究质量和特色，服务要求规范。

(3)便宴。是相对宴会而言的一种非正式宴会。其最大的特点是灵活、简便、气氛亲切，可以不排座次，不作正式讲话，菜肴、酒水的质量和数量也可酌减。常见的有午宴、晚宴，有时也有安排早宴的。

(4)家宴。顾名思义是在家中设宴招待客人的宴会形式。西方人特别喜欢用这种形式款待客人，以示亲切随和，而且多用自助餐的形式。美国常常喜欢用“开放式宴会”(open house)欢度节日、联络朋友之间的感情。“开放式宴会”顾名思义，就是打开大门欢迎感兴趣的人来家做客，坐一坐，聊一聊。此时，收到请柬的可以来，没有得到邀请的人也可以参加，主人对来客是来者不拒。宴会的持续时间，少的有一个半小时，长的可以是五个小时，甚至更长时间。对客人的着装一般也不作要求，可以穿西服，也可以是便装;客人可以迟到，也可以早退。至于餐饮也很随意，有时只有咖啡和茶水，有时有葡萄酒和小点心，还有的是自助餐等。宾客交谈时，有的坐着，有的站着;有的聊着，有的吃着。这种气氛轻松的家宴形式，很受人们欢迎。

2. 招待会

招待会是指各种不备正餐的宴请形式，一般用自助餐的方式。它备有酒水、饮料、食品等，也不安排固定座位，可以自由走动。但是，由于我国的传统习惯，不少人还是喜欢围桌而坐地用餐，主办者可以因需设置桌椅，并进行相应的服务。

(1)冷餐会。菜肴以冷餐为主，也可以冷、热菜肴兼备;主客可自由活动，自取餐具和食物;酒水、饮料可以自取，也可以由侍从端送。客人可多次取食，站立进餐或坐着进餐，边谈边用，自由活动。冷餐会的地点可在室内，也可在室外花园里。规格和隆重程度可高可低，时间一般安排在中午 12 时至下午 2 时，或者下午 5 时至晚上 7 时。

(2)酒会。又称鸡尾酒会，是一种更方便、更灵活，可以招待许多客人的请客形式。它以招待酒水、饮料为主，通常用的酒类品种较多，不一定都用鸡尾酒，但一般不用或少用烈性酒，通常会配上各种果汁、饮料;略备小吃，如三明治、小香肠、炸春卷等，并多以牙签取食。不用设桌椅，只要放置少量小桌子;宾客可以随便走动;饮料和食品由侍从用托盘端送，或部分放置在固定的桌子上，供大家自取。其举行时间也较灵活，中午、下午、晚上均可，但是一般的时间是从晚间5点到7点，或从6点到8点；在大型的活动之前或之后，往往会安排鸡尾酒会，例如庆典活动、慈善舞会等。请柬上一般会注明酒会的整个活动时间，客人可以适当地迟到和早退。

3. 茶会

这是一种更为简便的宴请形式，主要是通过请客人品茶进行交流。茶会的时间一般在上午10时，或者是下午4时；地点一般安排在客厅、会议厅、花园等，场内放些茶几和座椅，不排座次；但为贵宾举行的茶会，入座时应安排主宾与主人坐在一起，以便交谈，其他宾客可随意站、坐。茶会重要的是请客人品茶，因此对茶叶、茶具的选用比较讲究，对递茶也有规定，以体现主办方的茶文化涵养。茶具要用陶器、瓷器的，不能用玻璃杯，用茶壶不用热水瓶。同时应备些小吃、点心等。西方人喜欢用红茶，也有用咖啡的。

4. 工作餐

这是一种既方便又快捷的非正式宴请形式。人们利用进餐的时间，边吃边谈问题，因为与商讨工作有关，所以不请配偶或与工作无关的人士参加。由于这种形式的简便、快速、卫生，多以快餐、分食的方式进行，而被国际上广泛使用。早餐、午餐、晚餐均可用此形式。双边工作进餐一般用长桌安排座位，以便于双方交谈，有时还排席位。

第四节 赴宴礼仪

一、赴宴礼仪

1. 接到主人的邀请后，应及时告诉对方是否出席，不要让人久等你的回音。若临时必须取消赴宴，应亲自用电话向主人道歉解释，不能让秘书来处理这种事，也不能只给对方留言。

2. 要注意你的衣着，最好事先向邀请方打听赴宴衣着的要求。如果你要去的地方必须穿正装，那就不能穿休闲装。赴宴时应着装大方得体，男士应穿西服打领带，女士应着套装。若是十分隆重的宴会场合，女性可以穿传统的旗袍，并化淡妆。有一点应该强调，女性参加宴会，不宜穿裤子，也不宜穿短裙，以过膝的裙子为好。

3. 女士出席隆重的晚宴时，不要戴帽子，不穿高筒靴。

4. 赴宴要准时，不可以迟到。若是第一个到时，到指定的座位上坐好，无论如何别点饮料，而且当邀请你的主人到场时，餐具应完全整齐干净。若是一群人同时到达餐桌，应由主人安排就座。

5. 入席时，应根据请柬上注明的桌号和座位就坐。如非大型宴会，请柬上一般无此说明。在这种情况下，应自己找适当的座位坐下。如同桌中有长者，应待长者坐下后再就坐。就坐时，切勿拖拉座椅，而应轻轻挪动，以免地板发出声响。入座后，脚不宜伸向两边，不要将臂肘放在桌上，以免碰到邻座。这时可与同桌者交谈，但不宜谈及过于敏感的问题。

6. 主人或主要客人开始用餐后，才跟着动手，这项规矩在上每道餐点时都适用。若用餐人多，而侍者第一个给你上菜，恰恰这道菜又是道热菜，主人可能会请你“趁热吃”，这时你可以客随主便，照主人的话去做。

7. 菜肴中有异物时，切勿花容失色地告知邻座的人，以免影响别人的食欲。应保持镇定，赶紧用餐巾把它挑出来并弃之。

8. 菜上来后，一般主人会起立敬酒，客人应起立回敬。如果自己不善饮酒，可用饮料代之。进食时，一定要吃出“文雅”来，应小口进食闭起嘴咀嚼。夹菜、舀汤时，动作要轻，如汤过热，可先盛入碗内，待稍凉后再喝，不要对着汤碗吹气，也不要吸着喝。吐出来的碎骨应放在自己面前的小盘中，不要直接吐到台布上。宴会中，一般餐桌上都备有牙签，但尽量不要用。

9. 宴会未结束，而自己已吃好，不可提前离席。当主人起身离席后，客人才可依次离席。离开前应向主人道谢，再握手告辞。

10. 用餐的“八忌”，包括如下内容。

（1）忌把餐具当作打击乐器，敲得叮当作响。

（2）忌用餐具对别人指指点点。

（3）忌在用餐时从口中发出很大的响声。

（4）忌在餐桌前，众目睽睽下梳拢头发、化妆、补妆、查看口红，理胡子、拉领带等。

（5）忌在用餐时吐东西，如遇太辣或太烫的食物，可赶快喝下凉水作调整，实在吃不下时可到洗手间处理。

（6）忌把口红唇印留在杯子或餐具上，给人不洁之感，用餐前应先将口红擦掉。

（7）忌在餐前用餐巾或纸擦拭餐具，那样做表明你认为此处餐具不干净。

（8）忌涂过浓的香水，以免香水味盖过菜肴的味道。

二、会客时的位次排列

1. 相对式

客人与主人对面而坐即称为相对式。相对式位次排列的基本要求是面门为上，也就是面对房间正门者为客位，是地位高者；背对房间正门者为主位，是地位较低者。

2. 并列式

并列式是指宾主并排而坐。当宾主并排而坐，倘若双方都面对房间正门时，具体的要求是以右为上。以右为上是指宾主之间客人应该坐在主人的右边，而主人应该坐在客人的左边。以右为上是一种国际惯例。

3. 自由式

自由式即自由择座，即客人愿意坐在哪里就坐在哪里。自由式通常用在客人较多，座次无法排列，或者大家都是亲朋好友，没有必要排列座次时。

第五节　中餐礼仪

中餐一般使用圆桌，根据我国的传统礼俗，正式的中餐宴会以十人围坐在圆桌旁，供应十道正菜为最适宜，寓意为“十全十美”。吃中餐最能表现出热闹的气氛，大家围坐在一张桌边，从大碗菜里，自己夹来吃。这种气氛使就餐者感到轻松愉快，其乐融融。这也是中餐的魅力之一。虽然吃中餐礼仪不如西餐那么多，但不等于可以不讲礼仪随便吃。

1. 夹菜的礼仪

菜端到圆桌上后，一边慢慢转圆盘，一边把各种菜夹到自己的小碟里。此时，不要把自己喜欢吃的菜，夹得冒尖，堆得像小山，要考虑到大家均摊、分享。当别人夹菜时，不要转动圆盘。夹完菜后，自己的小菜盘要放到一旁，以免妨碍圆盘的转动。

2. 用筷“十忌”

(1)忌犹豫不定。已经举起筷子，却又不知道夹哪道菜，筷子在各碟菜中来回游动。

(2)忌叉食品。不要用筷子叉取食物，放进嘴里。

(3)忌用截筷。当别人为你夹菜时，不要从半途用筷子截走，或者两个人把筷子同时伸向一盘菜，相截打架。

(4)忌滴嗒夹菜。用筷子夹菜，不要途中掉落或佐料汁滴滴嗒嗒，好像菜在流泪。

(5)忌舔筷子。筷子沾着菜，不能用舌头来舔，形象不雅。

(6)忌用筷推、敲碗。不要用筷子把碗拖到跟前，或者用筷子敲打盘碗。

(7)忌用转探筷。不能用筷子在碗里、盘子里翻来翻去，挑翻菜肴，很不卫生。

(8)忌用供筷。在用饭前，不要把一双筷子直插在饭碗中，就像祭祖的供饭。

(9)忌用筷子当牙签剔牙。

(10)忌用长短筷和杂色筷，即两根筷子一长一短，或者不同的颜色和花纹。

中餐的席位排列：

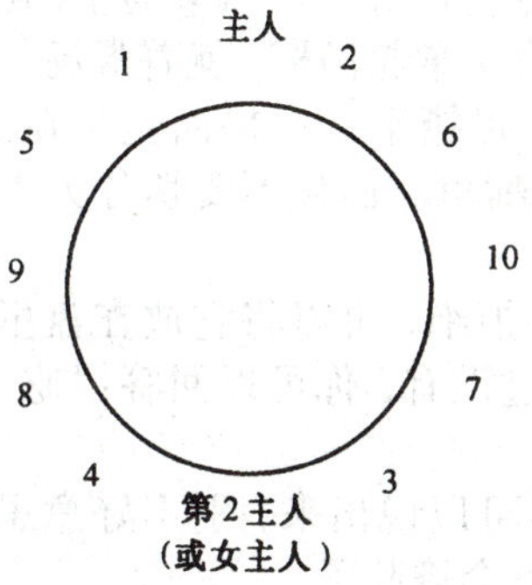

席次排列(一)

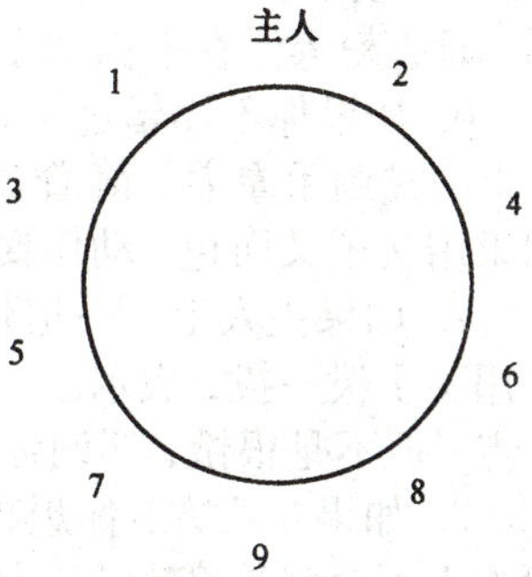

席次排列(二)

第六节　西餐礼仪

1. 在餐桌前就座后，就可以展开餐巾，并且在整个用餐期间都要把餐巾放在自己的腿上。如果用餐途中为了某种原因需离开餐桌，应将餐巾放置在自己的座椅上，千万不要放在桌上。只有当用餐完毕，大家已经站起来准备离去时，才把餐巾放到桌上。

2. 请注意控制说话的音量。尤其是女性应约束自己高频率的声音。在餐桌上不停地打电话的人是令人讨厌的，即使必须打的电话，也应小声，最好暂时离开餐桌。

3. 依照欧洲式的进餐方式，始终是以左手拿叉，右手拿刀，可以用刀子往叉上按食品，刀子在整个用餐期间都是放在使用者的右手，而不仅仅是在切肉时时才这样。美国式的进餐方式则是，切完肉后，把刀子放在盘子里，叉子从左手换到右手，然后用叉子叉起切好的肉。切肉时，左手大拇指与中指施力于叉柄上，固定切肉，以便刀子做前后切肉动作；而右手食指也在刀背上施压，提供切肉所需的力量。左手拿叉子的方法与右手相同，不要用握拳的方式拿着刀、叉。

4. 西餐每道菜的餐具及其摆放都是有规矩的，而你在用餐时也有需要注意的地方。比如，当你暂时停止用餐时，请把叉子和刀子向内带点角度，一左一右地斜放在盘子上。它们应该是相对放着，叉齿朝下的。这样侍者就会明白你是暂时停止用餐，就不会撤走你的盘子。当你用完一道菜希望侍者撤盘时，就将刀和叉并排放在盘子的右侧或中间，叉在内，刀在外，叉齿朝上或朝下均可，但刀刃应该朝向内侧。

5. 喝汤时应该由内往外舀，这样可避免把汤洒到身上。如果汤里的蔬菜、通心粉等浮在上面的东西已经被吃掉，可以直接拿起汤杯，就着喝汤。

6. 如果你不愿错过某道美食残余的调味汁，可撕下一小块面包叉在叉子上，或用手拿着，蘸着盘里的酱汁，然后放进嘴里。面包不要切片太大，如果用叉子叉面包，动作要优雅一些。

7. 如果主人上了一道你不喜欢的菜，应不要拒绝，可以将它放在盘里，并用叉子拨一拨，表示已经动过，当别人问你吃过没有，你可以回答："吃了一点，但不是很饿，谢谢你"，千万别说讨厌吃。

8. 如果在西方，你想再吃一份食物的话，尽可以说出来，别不好意思。西方人不会强迫客人吃东西，如果你客气的话，就会饿肚子。

9. 用餐时添加调味品，注意不要放得太多。如果你在吃神户牛排时，却在上面洒了一大堆番茄酱，同桌的人一定认为你是一个没有品位的人。

10. 当你享用完会弄脏双手的食物后，侍者会端上一个装有温水的小碗，有时水上会浮有一些小花做的装饰品。你就将手指浸泡在碗里，然后用餐巾把手擦干。如果觉得双唇脏了，也可用湿润的手指轻拍双唇，然后用餐巾擦拭。要提醒的是，千万不要当茶水喝。

11. 用餐时喝上一杯红葡萄酒当然是件美事。但即使你特别喜欢在红葡萄酒里兑雪碧或可乐的"独特喝法"，在这种场合也是不合适的。端酒杯时请不要托着杯底，而应用三只手指捏着杯脚，因为手掌的温度会影响酒的品质。如果你怕失去成功的机会，就不要在餐桌上剔牙。如果牙缝的东西实在塞得难受的话，你可以暂时到洗手间解决这个问题。

12. 有些饭前菜是用牙签叉起来食用的，当你叉起食物食用后，千万不要把牙签放回盛食物的盘子里。如果有专供放置用过的牙签的容器当然最好，如果没有，就把它放到烟灰缸或垃圾桶里，再不然，就放到你的口袋或手提包里。直到能有适当的处理方式再将其处理掉。

13. 用完了美味佳肴，临走道别时，要向主人表示感谢。最后别忘记还有一件事，就是做客之后，要写一封感谢函，或者打电话、发电子邮件给邀请方，再次表示谢意。

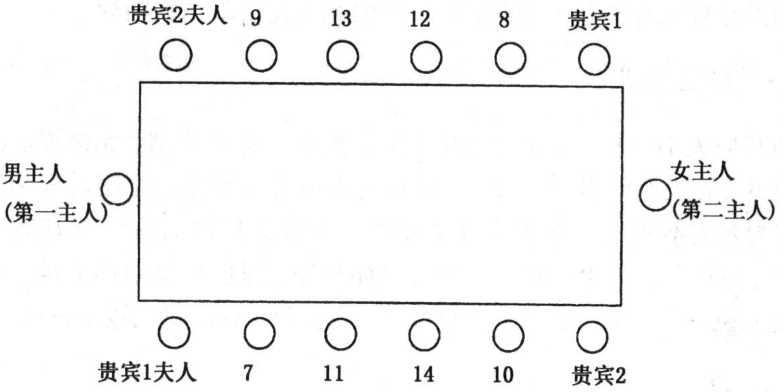

西餐席次排列(一)

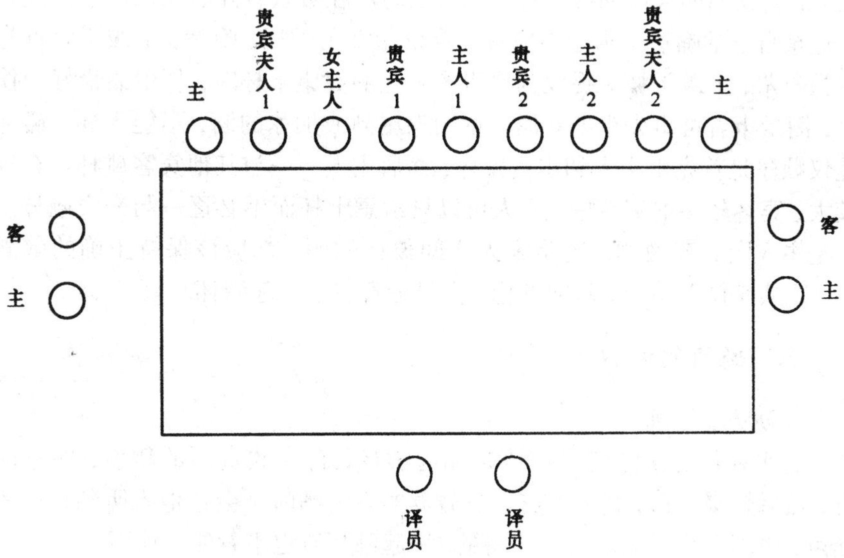

西餐席次排列(二)

第七节 饮酒礼仪

饮酒是各种宴请都不可缺少的内容，不同的是根据宴会的级别、规格选用的酒的品牌和种类各不相同，但饮酒的基本礼仪却是相同的。

一、斟酒的礼仪

酒具应大小一样，如果在家中设宴，酒具一定要清洁，无破损。酒瓶应当场打开，在没有侍者的情况下，应由主人或主人安排的主陪首先为宾客斟酒，作为客人不要过于发挥主观能动性。为客人斟酒时应该站在客人的右侧，酒杯应放在餐桌上，瓶口不能与酒杯相碰，酒也不宜斟得太满。斟酒的顺序是先位高者、年长者、远道而来者，然后顺时针给每人逐个斟满。

二、敬酒的礼仪

宴请中有权利首先提议举杯的是宴请的主人。第一资格人是男主人，男主人不在时为女主人。宾客应该按主人的意图行事，不要喧宾夺主。主人敬酒后，会饮酒的人应回敬一杯。回敬酒时应在被敬者开始饮酒后敬酒人再把酒送至自己的嘴边。男士不应首先提议为女士干杯，晚辈、下级不宜首先提议为长辈、上级干杯。提议为尊贵的客人的健康干杯时，杯中酒最好一饮而尽，酒量小者可事先少斟些酒。饮用鸡尾酒或加冰的酒，不能干杯。碰杯的礼仪顺序是首先由主人和主宾碰杯，而后主人一一与其他宾客碰杯。在规模较大、宾客较多的宴请中，主人可以只示意干杯而不必逐一与来宾碰杯。无论是主人向宾客敬酒，还是客人之间彼此敬酒，都应该保持正确的敬酒姿态，即从座位上站起，双腿站稳，上身挺直右手举起酒杯。

三、喝酒的礼仪

1. 姿势要正确

合乎礼仪的饮酒姿势应该是端起酒杯，首先欣赏酒的颜色，闻一闻酒香，然后轻啜一口，慢慢品味。有教养的人喝酒时不会让他人听到自己的吞咽声，更不会为了显示自己的酒量，举起酒杯看也不看便一饮而尽。

2. 酒量要适宜

鉴于酒后容易失言或失礼，在宴请饮酒中主客双方都应严格控制喝酒的数量。切忌见到美酒佳肴陶醉于宴请的热烈气氛中而忘乎所以，开杯畅饮。在正式宴请中，主宾的饮酒量均应控制在平时酒量的一半以下。

3. 饮酒速度要适中

就喝酒的速度而言，客人一般不要超过主人，除非主人特别不胜酒力。

切忌见到美酒佳肴陶醉于宴请的气氛中而忘乎所以，开怀畅饮。

4. 拒绝喝酒要得体

在宴请过程中不会喝酒或不打算喝酒的人，可以有礼貌地阻止他人敬酒，但不应一概拒绝，至少应喝一点儿果汁或饮料，否则会影响他人的兴致和宴会的气氛。拒绝喝酒的方式多样，可以主动要一些饮料，并说明自己不喝酒的原因，也可以让斟酒者在自己面前的杯子里少斟一点酒，不要为了拒绝而东躲西藏，更不要把酒杯扣在餐桌上，或把自己倒入杯中的酒悄悄倒在地上。按照礼节，杯子里的酒是可以不喝的，而空着杯子是不合适的。

5. 劝酒要适度

对于确实不会喝酒的人不宜劝酒，对于虔诚的穆斯林是绝对不能劝酒的，因为喝酒有违穆斯林教规。对于会饮酒者，劝酒也应适可而止，劝酒劝得死去活来，不把人灌醉不罢休是不礼貌的。更不要在客人的软饮料里斟烈性酒，强迫、勉强他人喝酒会令人不快，是违背宴请初衷的。

◇ 案 例

实验室中的表现

有一批应届毕业生22个人，实习时被导师带到北京的国家某部委实验室里参观。全体学生坐在会议室里等待部长的到来，这时有秘书给大家倒水，同学们表情木然地看着她忙活，其中一个还问了句：“有绿茶吗？天太热了。”秘书回答说：“抱歉，刚刚用完了。”有一个名叫林晖的学生看着有点别扭，心里嘀咕：“人家给你倒水还挑三拣四的。”轮到他时，他轻声说：“谢谢，大热天的，辛苦了。”秘书抬头看了他一眼，满含着惊奇，虽然这是很普通的客气话，却是她今天惟一听到的一句。

门开了，部长走进来和大家打招呼，不知怎么回事，静悄悄的，没有一个人回应。林晖左右看了看，犹犹豫豫地鼓了几下掌，同学们这才稀稀落落地跟着拍手，由于不齐，越发显得零乱。部长挥了挥手：“欢迎同学们到这里来参观。平时这些事一般都是由办公室负责接待，因为我和你们的导师是老同学，非常要好，所以这次我亲自给大家讲一些有关情况。我看同学们好像都没有带笔记本，这样吧，王秘书，请你去拿一些我们部里印的纪念手册，送给同学们作纪念。”接下来，更尴尬的事情发生了，大家都坐在那里，很随意地用一只手接过部长双手递过来的手册。部长脸色越来越难看，走到林晖面前时，已经快要没有耐心了。就在这时，林晖礼貌地站起来，身体微倾，双手握住手册恭敬地说了一声：“谢谢您！”部长闻听此言，不觉眼前一亮，伸手拍了拍林晖的肩膀：“你叫什么名字？”林晖照实作答，部长微笑点头回到自己的座位上。早已汗颜的导师看到此景，微微松了一口气。

两个月后，毕业分配表上，林晖的去向栏里赫然写着该部委实验室。有几位颇感不满的同学找到导师：“林晖的学习成绩最多算是中等，凭什么选他而没选我们？”导师看了看这几张尚属稚嫩的脸，笑道：“是人家点名来要的。其实你们的机会是完全一样的，你们的成绩甚至比林晖还要好，但是除了学习之外，你们需要学的东西太多了，修养、礼仪是第一课。”

案例分析

1. 阅读本章开篇案例，思考没有时间观念会给日后的工作带来什么损失？

2. 仔细阅读《实验室中的表现》，说出本次参观聚会中，学生为什么会有这样的表现？

思考题

1. 剪彩前的准备工作有哪些？
2. 用筷子有哪些禁忌？

第九章　应聘礼仪

◇ **案例**

一家民营企业在招聘一名秘书，有三位女士参加最后的面试。面试地点设在总经理的办公室。进入总经理办公室需要过两道门，在两道门之间摆放着一张无人值守的桌子。在桌子旁边的地下散落着一份文件。第一位女士是位本科生，她经过这个桌子时，趾高气昂、旁若无人地迈过这份文件径直走进了总经理办公室；第二位女士是位专科生，她经过这个桌子时，看到地上散落的文件并把它捡了起来翻阅了一下放在了桌子上，然后进入总经理办公室；第三位女士也是个专科生，她经过时，看见了地上散落的文件赶快把它捡起来，并在包里拿出纸帕仔细擦拭了一下，拿着文件走进了总经理办公室。

第一节　求职简历

简历写作的“五要”和“五不”

1. 要言简意赅，不要啰嗦冗长

一份好的简历应该是言简意赅，流畅简练，令人一目了然的个人资料。字数一般在一页的范围为好，最多不超过三页。这样的简历在哪里都是最受欢迎的，这也体现了求职者的一种能力。招聘的工作人员多半工作量大，时间宝贵，一般单位的人力资源经理，阅读每一份简历平均花费的时间约几分钟。

2. 要扬长避短，不要抑长露短

仅有漂亮的外表而无实质内容的简历是不会吸引人的，招聘人员需要你用实力来证明你自己。作为应届毕业生，无工作经历是你们的短处，但同时也有自己的长处。你可以在简历上写上自己的实习经历、突出自己已经掌握的技能，已经获得的各类专业技能的证书等。我们招人时，就是要找个性与众不同，在大学学习时并不是死读书的人。这些人往往很有创造性，对事物很警觉，反应非常机敏。要达到这样的要求，就要勤于动脑、勤于实践、勤于动手。

3. 要内容真实，不要弄虚作假

写好简历的最基本要求是确保内容真实。有许多初次求职者，为了能让招聘单位对自己有一个好的印象，往往会给自己的简历造假。也有一些应聘者错误地认为简历写得越奢华、越夸饰越好：知识无所不知，技能无所不会，随意虚夸，任意拔高等。这样做的最终结果只能是搬起石头砸自己的脚，给招聘者留下不诚实、不踏实的印象。即使有人靠有水分的简历得到了面试的机会，但会在面试时张口结舌，露出狐狸尾巴。

4. 要恰如其分，不要过分谦虚

写简历既不要虚夸不实，也不要过分谦虚。写简历不要弄虚作假，并不等于把自己的一切，包括弱项都写进去。有的求职者从一个极端，走向另一个极端，在简历中还特别注明自己的某项能力不够。其实不写弱项并不代表说假话。有的求职者在简历上写："我刚刚踏进社会，没有任何工作经验，愿意从事贵公司的任何工作。"这样的简历有可能让招聘者认为你什么职位都合适，其实也就是什么职位都不合适。为此，写简历要恰如其分，文如其人，实事求是，朴实无华为好。不要把简历写得过分谦虚，措辞小心翼翼，叙述扭扭捏捏，前怕虎后怕狼，就像乞讨一样，完全缺乏自信。结果给招聘者的感觉是你真的没能耐，对你能否胜任所求的职位产生怀疑，最终被拒之门外。

5. 要重点突出，不要平铺直叙

由于时间的关系，招聘人员可能只会花短短几分钟的时间来审阅你的简历，故一定要重点突出。

简历写作的"四忌"：①忌遗漏要点。②忌在文字格式上出错。③忌太花哨。④忌写酬金要求。

第二节　求职面试

一、面试前的准备

1. 心理准备

(1)要有信心。自信，是求职者在面试时必备的心理素质，也是面试成功的先决条件。试想，当一个自卑、胆怯，自己对自己都缺乏信心的求职者，在面试时颤颤惊惊，怎会被用人单位录用呢。当然，由于参加第一次面试，加上有些求职者性格比较内向，不善于表达和交往，面临重要的场合难免会产生紧张、胆怯的心理现象。这些可以通过自我调节来加以克服。比如，对考官可能提出的问题，事先做好充分的准备，并反复背诵、朗读准备回答的问题，也可以在家人或朋友面前表演、演习一下，直到把所准备的内容背得滚瓜烂熟为止。

(2)要有不怕失败的平常心。俗话说，胜败乃兵家常事。几乎所有的面试成功者，都不是一蹴而就、一帆风顺的。如果你拥有一颗平常心，这次不行不要紧，下次再试，权当是一次练兵的机会。虽然自己这次面试没有成功，但是可以总结经验，争取以后的成功。

2. 资料准备

(1)要尽量多地了解招聘单位的情况，才能知己知彼，百战不殆。如重温招聘单位的招聘广告，通过互联网查找有关信息，利用图书资料了解情况，有条件的可以通过熟人打听内部的基本情况等。

(2)必备的资料，让招聘者更多地了解自己。

3. 形象准备

应聘者的外在形象，是给招聘者的第一印象。外在形象的好坏在一定程度上会影响到你能否被录用。在面试时，一定要注重服饰礼仪。恰当的着装能够弥补自身条件的某些不足，树立自己的合适形象。男士参加面试，首先要注意个人的清洁，胡子一定要刮干净，头发梳理整齐，不要留长发，指甲要剪干净，不要留长指甲。穿衣服也要整洁，西装一定要合身。领带不要太花哨，最好是单色的，它能够和各种西装与衬衫相配。查看领口、袖口是否有脱线和污浊的痕迹。鞋子要选择正式的硬底皮鞋，不管新旧，一定要擦拭得很干净、光亮。

女士参加面试时，给人的第一印象往往是头发，如果你想给面试官感觉精神、利落，那可以将头发剪短，如运动式、直发式、日本式的都可以；倘若你愿意体现女性的柔美，那就把头发留得长些，用发夹或头饰把头发扎起来。穿着要得体、简洁、大方，服装颜色以淡雅或同色系列的搭配为宜，上衣和下装不要都是花花绿绿的。衣着要合身，太宽松、太紧身、太暴露的都不合适。裙子不能太短。可以略施淡妆，不宜浓妆艳抹，或者喷洒过多的香水，也不要将手指与脚趾涂上鲜红的指甲油。

二、面试中的礼仪

1. 遵守时间

守时是职业道德中的基本要求，如果你连自己参加面试也迟到，那么不管你有什么理由也会给面试蒙上阴影。当然，如果因为各种突发的原因，实在不能按时到达，应提前打电话通知对方，并表示歉意，请求对方另安排面试的时间。

2. 注意举止

许多面试者往往只注重衣着和话语，而忽略了胜过有声语言的行为举止。一家医院为了选拔护士长进行了一次面试。一位在笔试中得了第一名的应试者，自以为自己最有希望，在面试过程中，她是得意忘形，脚不断地敲打地板，身体还不时地扭动，结果她落选了，其原因就是她缺乏职业化的举止。

在面试中，面试者应该特别注意自己的站姿、坐姿、行姿和表情等。站姿给人的印象非常重要，但人们往往认为其简单而忽略它的重要性。如果站立时歪头、扭腰、斜伸着腿，会给人留下轻浮、没有教养的印象。

面试时的坐姿，不要贪图舒服。许多人养成了瘫坐的习惯，在面试时就表现出来了。正确的坐姿从入座开始，入座的动作要轻而缓，不要一屁股坐在椅子上。不要随意拖拉椅子，发出很大的声音。坐在椅子上，身体不要前后左右晃动，或耷拉着肩膀，含胸驼背，给人萎靡不振的感觉。坐在椅子上，脚不要不自觉地颤动或晃动。

面试时重要的是自信。这种自信可以通过你的行姿表现出来。自信的行姿应该是，身体重心稍微前倾，挺胸收腹，上身保持正直，双手自然前后摆动，脚步要轻而稳，两眼平视前方。步伐要稳健，步履自然，有节奏感。需要注意的是，如果同行的有公司的职员或接待小姐，你不要走在他们前面，应该走在他们的斜后方，距离 1 米左右。

每个人都会有一些属于自己的习惯动作，比如说，挠头、揉眼睛、玩手指、双手交叉在胸前等，若是在平时，你尽可以去做，但在面试时，都要省略，它们会分散人的注意力，给招聘者留下不好的印象。

在与面试官交谈时，要把自己的目光集中在对方的身上，这是最起码的礼貌。如果你的目光不能集中在主考官或提问者的身上，那么，你的种种努力都可能白费。

在回答对方提出的问题时，要正视提问者的眼睛和眉毛的部位。与对方的目光接触是很有必要的，若是不敢正视对方，会被人认为你害羞、缺乏自信，更严重时会让对方觉得你不够诚实，或者所说的话有所隐瞒。

“聆听”也是一种很重要的礼节。不会听，也就无法回答好主考官的问题。好的交谈是建立在“聆听”基础上的。

聆听就是要对面试官说的话表示出有兴趣。在面试过程中，面试官的每一句话都可以说是非常重要的。你要集中精力，认真地去听。要记住说话人讲话的内容重点，并了解说话人的希望所在，而不要仅仅注意说话人的长相和语调。

微笑是每位应试者必须具备的表情。无论哪位面试官，都不会喜欢一个面无表情、不会微笑的人。

3. 不卑不亢，平等对话

有些主考官会用过于尖锐、不友好、怀疑的眼神或咄咄逼人的气势向你提问，作为应聘者，不要被这种情形所吓倒，也不要为此发怒。学会以柔克刚，不卑不亢，保持修养，说不准这就是考官设下的陷阱，一旦你忍耐不住，就会前功尽弃。

面试官有时会打断你的表述，但你不要随意打断他的话。无论是反对还是赞成，都要自然、得体。对面试官有不同看法时，也没有必要去争个明白。

很多毕业生面试时心理非常紧张，有个重要的原因是，把自己与面试官的关系看成是主子与仆人的关系。其实，面试官与应聘者的关系在人格上是平等的。如果你以平等的心态参加面试，就能够避免不必要的紧张情绪，以利于正常的发挥。

4. 要以诚待人

应聘时要以诚待人。一个人的能力水平有大小，即使你的能力暂不如别人，这些都是可以被人谅解的，惟一不能谅解的是，你有诚信的危机。如果在面试时是一副满不在乎、粗心大意、傲气自满的态度，会给招聘人留下你没有诚意的印象，即便你对应聘的工作很合适，对方也不会录取的。

5. 要注意细节

俗话说:“勿以恶小而为之,勿以善小而不为。”在面试时应留心注意每个细节,如果不去留神,说不定就会错失良机。

三、面试后的礼仪

当你面试时没有很好的发挥,或者被面试官暗示未被录取时,千万不要垂头丧气。因为这样会反映你缺乏信心和挫折的能力。不管是否顺利过关,在离开面试现场前,应向面试官表示感谢,并友好、大方地道一声再见。

面试结束后,你可以及时、主动地写一封信给面试单位,一是,对他们上次安排的面试表示衷心的感谢;二是,说明自己非常希望能得到这份工作,并且有能力做好它。这样的感谢信有利于使你从众多的求职者中脱颖而出,有助于招聘者记住你。

如果得到录取的通知后,应及时给对方一个决定应聘的回音。倘若不打算接受这份工作,也应及时以信函或电话的形式反馈对方,并表示谢意和歉意。

如果被自己非常想去的单位拒绝,你可以退而求其次,寄一封短信给对方,告诉他们,虽然这次没有机会,但自己仍不放弃,并且表示:如果将来有可能,自己很愿意再有第二次面试的机会。这样做不仅是出于礼节,而且也为自己创造了一个潜在的求职机会,该单位能在出现另外空缺时首先想到你。

◇ **案例**

案例一: **柯达招聘**

柯达公司的人力资源部门根据应聘者的简历安排应聘者参加柯达的笔试考核,通过笔试后,将有机会参加深入的面试。柯达中国人事总监李红霞介绍说,笔试主要测试应聘者的IQ、英语运用能力等,笔试的题目所用语言都是英语。

一般情况下,若没有通过第一轮的笔试,就不会有机会参加接下来的面试。但也有个别情况,为了不错过优秀的人才,柯达会根据应聘者的简历特别安排某些优秀的应聘者参加面试。

笔试合格的应聘者将被安排参加第一轮面试。第一轮面试由公司的人力资源主管主持,主要了解应聘者的基本状况,包括应聘者的工作经验、强项与弱项、职业兴趣、短期目标与长远计划等等。通过这些信息,人力资源部会对应聘者的综合素质有一个基本的把握。

第二轮面试一般由用人部门经理主持，进一步考察应聘者的业务水平。根据具体情况，部分应聘者甚至还要参加第三轮、第四轮面试，由更上一级的经理和人力资源部门共同定夺。

案例二：　**IBM 招聘**

1. 笔试考核

IBM 招聘考核的第一关是笔试，主要测试应聘者的综合素质。IBM 在全球设有一个“数据处理测试(Data Procession)”题库，用来笔试考核。考核的目的是测试应聘者的逻辑推理能力，为 IBM 的招聘官员做参考。

笔试题目时间很短，由于时间紧迫，在压力之下，有的应聘者十分紧张，而有的应聘者却有很好的心理素质，十分冷静。通过这样的笔试，就能考查应聘者的综合反应速度、判断能力以及心理素质等。

2. 面试

IBM 的招聘面试流程并不复杂，应聘者在通过 IBM 人力资源部门的测试后，就可以直接与招聘部门负责人进行交流。人力资源部门的测试题主要都是测 IQ，一般很简单，要求答题有一定的速度。

IBM 认为，无论哪种考试都不可能即时进行灵活变动，而每名应聘者都很灵活，情况也各有不同。因此只有通过面试，才能最能动地随时做出调整和判断，评判出应聘者是否符合 IBM 公司的要求，结果才是真实的。这也要求主持面试的评判者技能和经验都应该很丰富。IBM 很重视面试，一般事先由人力资源部门提供给经理层有关参考例题，希望他们做出公正的判定。新员工一般要经过两轮面试，一些重要的岗位要经过 4 ~5 轮面试。

3. 面试所考核的素质

诚信——IBM 负责招聘的经理级人员都要经过专门的培训。在面试时，IBM 很看重人的正直和诚实，并把诚信的品质放在很重要的位置。

自信心——其次，应聘者是否充满自信心也很重要，在面试中，IBM 通过观察应聘者的肢体语言就可以判别对方是否具有自信心，自信但绝不要狂妄。

沟通能力——再有就是应聘者是否善于沟通。一个人的沟通能力不在于说话多少，而在于能否说到点子上，思路是不是清晰，是不是有逻辑性。举个例子来说，在面试客户代表时，招聘者常常会想，如果我是客户，我会愿意同这个人做生意吗？答案若是肯定的，他(她)就被录用了。

在面试时，面试人员还会提一些与应聘者观念不同的问题，看对方如何回答。沟通能力强的学生表现会很自如，落落大方。曾经有一个有过工作经历的应聘者来应聘，面试人员出了一道难题，问她在三五年以后是否有离开公司的打算。面对这一问题，比较常见的回答是"我不会有这样的考虑"。可她回答说："我现在不能给你'是'或'不是'的答案，但我可以向你承诺，在IBM这几年会竭尽全力作出贡献，绝对不会辜负公司的信任和培养。"这个回答给面试人员很深的印象。四年后她离开IBM公司，但IBM公司认为她在IBM干得很出色，实现了面试时的诺言。

其他——诸如应聘者在工作态度方面是否具有主动精神，工作中的学习能力、创新能力以及适应变化的能力等因素也很重要。

案例分析

1. 阅读本章开篇案例，这家民营企业最后选中了谁？
2. 从柯达和IBM的招聘中，你受到的启发是什么？

思考题

1. 简历写作的"五要"和"五不"有哪些？
2. 求职面试中如何体现出更高的修养，展现出很好的气质？
3. 求职面试中如何拉近与招聘公司的距离？

第十章　服务礼仪

◇ **案例**

旅行社导游怎样进入角色

一位优秀的旅行社导游说："我感到，工作时要全身心地投入，要像演戏一样，很快进入'角色'。这一点，讲起来容易，做起来难。上了(旅行)团就只能想一件事，就是如何把这个团带好。要排除一切干扰，再大的事也只能等到下了团再说。"这里，他把"进入角色"与"忘我"(不受干扰)联系起来了。他还谈到了导游角色的出场"亮相"，他说："给来宾的'第一印象'非常重要。当客人同你一见面，就要给对方一个可亲可信的印象，使他们相信，跟着你出去游览，一定能玩得开心，玩得放心，玩得满意。'第一印象'是怎么产生的呢？一是外表整洁。包括穿戴得体、整洁大方、佩带胸卡、手持引导旗和喇叭，让人一看，这个导游比较训练有素，用我们的行话来说就是比较规范化。二是谈吐文雅。一个好的导游，几年甚至十几年的功底，最能在开场白的半小时里反映出来，外语(或方言)的发音要字正腔圆，介绍的内容要丰富、精彩，语言和语调要充满激情。同时也要处处表现出对客人的尊重。千万不能毫无准备，有气无力，结结巴巴。这段开场白讲得成功与否，也许会给来宾留下最深刻的印象。三是注意礼貌，见面问个好，离开告个别，进出站提提行李，上下车扶扶老人，行走中关照儿童。别看这些举手之劳不足挂齿，但能很快消除宾主双方的陌生感，顿时觉得同来宾的心靠近了"。

第一节　商场服务礼仪

服务礼仪能够使顾客在购物的过程中，不仅得到物质上的满足，而且得到心理上、精神上的满足，无形中增加了商品的价值，提高了企业的形象。商场服务礼仪由商场环境礼仪和商场服务礼仪两部分组成。

一、商场环境礼仪

商场环境(即购物环境)本身就是一种礼仪。优美的购物环境，能使顾客感受到和谐、优雅、亲切的气氛。而置身于和谐、优雅的购物环境之中，欣赏着琳琅满目的商品，尽情地选择自己所喜爱的商品，并随时能够得到满意的接待服务，这对顾客来说不仅仅是购物，而且是一种享受。要创造良好的商场环境，就要注意商场的整体设计风格、营业场所的布局、商品的陈列、灯光色调和音乐配置等以及由此所造成的空间效果。

二、整洁卫生的店容店貌

店容店貌整洁卫生，是商场文明经商的基本要求，混乱肮脏的商场，只能使顾客生厌，破坏顾客的购物情绪；而整洁卫生的环境，则能振奋营业员和顾客双方的精神，提高兴致。因此，幽雅和谐、整洁卫生是商场环境礼仪的重要内容。

为了保持店容店貌的整洁卫生，一定要严格执行卫生标准，商场营业员应把营业厅内外地面打扫干净，门窗、货架、柜台、玻璃都要擦洗一新，达到窗明几净。陈列的商品，应及时除尘掸灰，重新补足、并摆放整齐、美观，卫生工作除每天班前班后做好外，在营业时间还应随时自己检查、注意保持，并不断清扫顾客丢弃的纸屑、果壳等杂物，做到地面无杂物、无痰迹。

三、营业员的个人卫生

营业员的个人卫生，也是商场卫生的重要组成部分。因此，营业员应做到：

1.“四勤”。即：①勤洗手、剪指甲；②勤洗澡、理发；③勤刷牙、刮胡须；④勤洗换工作服、帽。

2.“六不准”。即：①不准在柜台内吸烟、吃食物；②不准在工作时间喝酒和吃含有强刺激味的食物；③不准随地吐痰；④不准用手挖鼻孔、擦鼻涕、抓头发、擦汗；⑤不准用手接触各种不带包装直接入口的食品；⑥不准浓妆艳抹。

此外，营业班组应建立个人卫生检查制度，互相督促检查，使卫生工作规范化、制度化。

四、对营业员的基本礼仪要求

对商场超市礼仪表现在营业场所设计上，更重要的是通过营业员彬彬有礼的服务体现出来。

1. 重仪容仪表

营业员上班前要修饰仪表，大商场、超市的营业员一般要求穿着统一规定和专门设计的识别服，结领带、领结或飘带。服装必须整洁，不规定统一服装的，营业员上班也必须穿着整洁得体，并按要求配戴首饰，不蓬松长发。

2. 举止要大方得体

营业员一般应站着工作，站立时，身姿要挺拔自然，精神饱满，面露笑容，给人一种亲切感。目光要关注着场所内。

3. 语言要文明礼貌

营业员在服务过程中，要掌握运用规范化的服务用语。常言道："好话一句三冬暖，恶言半句六月寒。"营业员应有较好的语言修养，经常使用文明礼貌语。最基本的文明礼貌用语是："您好"、"请"、"谢谢"、"劳驾"、"不必客气"、"很抱歉"、"请原谅"、"没关系"、"欢迎您下次再来"、"再见"等等，语言文明礼貌，讲究艺术性，能够取得顾客的信任，使顾客感到亲切、愉快；而说话随便生硬，则可能使顾客反感、误会、生气，以至吵闹、投诉。营业员要掌握规范的柜台礼貌用语，首先要提高自身的素质，还要多观察分析顾客心理及特点，积累经验，多做练习，才能做到正确无误，对答如流，表达清楚，简练得体。此外还要做到：①与顾客对话时要面带笑容。②要注意选择文雅、亲切的词语表达，避免使用粗俗、生硬的语言。③注意语音、语速和语调，通过婉转柔和的声音，创造和谐的气氛。

4. 态度要热情周到

营业员要为顾客提供主动热情、耐心周到的服务。接待顾客时，不允许以貌取人，以年龄、性别取人，以职业、地位取人。一视同仁地热情接待，是营业员起码的职业道德。对顾客提出的问题要耐心解答，不允许说"不知道！""你自己看嘛！"之类的语言，更不允许因自己的烦恼，表现出对顾客不耐烦的态度。

第二节 宾馆服务礼仪

一、宾馆服务礼仪的基本要求

1. 服装

服装反映着一个人的生活水平、文化水平和各方面的修养。整洁典雅的服装具有无穷的魅力。服装的整洁典雅很大程度上取决于"协调",即与自己的职业、身份、年龄、性别、体形相称,与周围环境、场合气氛相协调,讲究和谐的整体效果。

制服是一个人所从事职业的标志服装。宾馆制服是标准化服务的需要,也是宾馆的重要标志。整齐、清洁、挺括、美观大方,是宾馆制服应该达到的标准。

2. 外貌修饰

对于宾馆服务人员,适当的外貌修饰是必要的,这样,既能使自己容光焕发、充满活力,又能表现出对顾客的尊重。但是应说明的是,服务礼仪不同于社交礼仪,浓妆艳抹、过分打扮是不适宜的。宾馆服务人员的外貌修饰应以朴实大方、淡雅自然为宜。具体来讲,发型要大方,上班前要梳头,头发不得有头皮屑;男员工不留大鬓角,头发后端不能触及衣领,不烫,不染;女员工一般以短发为宜,前不遮脸,后不披肩,如果是长发则应用发网盘起网住,头饰避免用色泽鲜艳的发饰。面部要给人以清爽、舒心的印象,男员工不得化妆、不得留胡须,保持面部整洁;女员工可适当化妆,应以淡雅自然为原则,突出美的部分、遮掩不足的部分,尽量化淡妆。经常修指甲,保持指甲清洁。不得留长指甲,也不可以涂有色指甲油。严格限制佩戴首饰,在工作岗位上,除手表外,一般不允许佩戴耳环、手镯、项链、别针、戒指(结婚戒指除外)、有色眼镜及其他饰物,以防止工作中可能出现的不便(丢失、损坏等),也避免因员工的华贵引起宾客的不快。

3. 个人卫生

要注意保持面部、手部清洁,提倡勤洗澡、勤换内衣和袜子;身上不能有汗味、异味或其他可能给宾客带来不满或认为不净的地方;养成经常漱口的好习惯;口中不能有异味,上班忌吃葱蒜、韭菜等能使口内有异味的食物;不使用浓烈刺鼻的香水,上岗前可以用除臭剂消除身上的异味。

二、仪态的基本要求

仪态是一个人内在气质的“外现”。良好仪态的学习与掌握是一个长期的过程，服务人员在掌握基本的姿势、动作的同时，必须不断陶冶个人情操、增加学识、强化服务意识。只有这样，才能真正做到举止端庄稳重、落落大方、自然优美。

1. 站姿

对站姿的基本要求是：端正、自然、亲切、稳重。具体要领是：站立时要直立站正，防止重心偏左或偏右、前倾后仰；要肩平、头正、挺胸、收腹、梗颈，眼睛要平视，环顾四周，嘴微闭，面带笑容；男子站立时，双脚与双肩同宽自然垂直分开，站立好，双脚呈“V”字型，膝盖与脚后跟均需靠紧。

2. 坐姿

宾馆的接待服务工作多数是要求站立服务，但是个别岗位则采取坐姿。因此要掌握正确的坐姿。其要领是：上身自然坐直，立腰收腹，肩平头正，目光平视，双腿自然弯曲，双脚平落，臀部坐在椅子中央，双手自然放在两膝上，面带微笑。需要注意的是，双膝之间的距离，男子宜松开一拳为宜，女子则不分开为好。入座时，轻而缓，走到座位前面转身，右脚后退半步，左脚跟上，然后轻轻坐下；女子入座时，要用手把裙子向前拢一下。入座后，前俯后仰，抖动腿脚，把脚或腿放在其他物上，双脚过分分开等坐姿，都是缺乏教养与傲慢的表现。

3. 步姿

宾馆服务人员的步伐，应轻盈而稳健。其基本要领是：行走时，上身正直不动，双肩相平不摇，目光平视，面带笑容，双臂自然前后摆动。行走时，重心可稍向前倾，身体重心落在脚掌前部，这有利于挺胸收腹（收腹中身体略微上提）。正常走路时，脚印应正对前方，走路“内八字”“外八字”（两脚尖向内或向外），大摇大摆，上颠下跛，摇头晃脑等，都是不良的行走姿势。

三、宾馆服务礼仪

1. 迎接礼仪

宾馆的大门口，站着彬彬有礼的迎接人员，随时恭候着宾客的光顾，宾客对饭店的服务质量，服务人员素质的认识，就是从这里产生第一印象的，因此，迎接人员的形象是十分重要的。迎接人员在迎接来宾时，应从以下几个方面注重礼仪。

宾客来临，应主动上前有礼貌地问候，表示热情的欢迎。宾客坐的车辆到达时，门童要前去相迎，车辆停稳后，应一手拉开车门，一手遮挡车门框上沿，以免客人的头部碰撞到车顶门框。对老、弱、病、残的客人，要主动搀扶，倍加关照。

主动帮助宾客提行李物品，但是要尊重宾客的意见，凡宾客自己要提的物品，不可过分热情地强行帮助提携，宾客的行李物品要轻拿轻放，对贵重和易碎的物品，切忌满不在乎地乱放或重压。

接待团体宾客时，应连续向宾客点头致意，躬身施礼。如遇宾客先致意，要及时还礼，为了使每个宾客都能听到问候语，应不厌其烦地重复问候，问候时要目视宾客，注意力集中，不可东张西望。下雨天要撑伞迎接，以防宾客被雨淋湿。

迎接人员陪同宾客到总服台办理手续时，应侍立一旁，不得远离。随时听候宾客的呼唤。引领客人时要走在距离客人 2~3 步远的左前方，转弯时要用手指示方向，陪送宾客进电梯时，应礼让宾客先入梯，到达时应示意宾客先步出电梯。

陪同宾客到楼层时，应先与该楼层的客房服务员取得联系，尾随宾客进客房后，要把所有的行李物品当面向宾客交代清楚，并问："您还有什么事需要我做吗?"如果没有事，应及时退出。离房时，轻轻将房门带上，不可过于用力，发出很大声响。

2. 总台服务礼仪

要站立服务，姿态端庄大方，着装整洁，精神饱满，思想集中，随时接待宾客。

主动热情接待宾客，笑脸相迎，上身略向前倾："您好！欢迎光临!""请问，您预定过房间吗?"

听清宾客的要求后，请其填写住宿登记单，在不失礼的情况下，认真验看宾客的证件，与登记单核对无误后，要有礼貌地将证件交还，并致谢："好了！谢谢您。"要尽量按宾客的需要安排好房间。

如遇当天住宿已满，要向客人做好解释，热情向其推荐其他宾馆，对预订过房间的宾客，一定要保留好房间，不要把房间再订给别人，以免造成不良影响。

总台服务人员应对饭店的基本情况有全面的了解。对宾客提出的问题有问必答，百问不烦，简洁明了，用词得当，不能用"也许"、"大概"之类的话来回答，对不知道的事不能不懂装懂，不能轻易说"不知道"，而应说："对不起，先生，请您稍等一会儿，我去问一下再答复您。”对确实无法答复的问题，应表示歉意，求得谅解。

应热心为顾客当好参谋，如介绍旅游景点、交通路线、购物场所等。要尽职尽力为宾客服务，帮助宾客解决各种困难。

在任何情况下，都不得与客人争斗，不得讥笑、讽刺客人，不允许语言粗俗，行为鲁莽。如遇客人不满，要耐心解释，诚恳听取客人意见，好言抚慰。

3. 客房接待礼仪

客房应按照干净服务及操作规定，保持房间内具用具齐备，整洁敞亮，空气新鲜，开水充足，安全舒适，符合本店应达到的等级水平，随时做好迎接宾客的准备，在客人到达前要调好室温。

接到总台接客通知后，应做好迎接的准备，等在楼梯口或电梯口，宾客一到要热情欢迎，亲切问候：“您好，欢迎您！”如果没有引领人员提行李时，要主动帮助提行李，然后招呼宾客“请跟我来。”带领客人到房间时，走在宾客前 1 米左右。

打开房门，如果是白天，应有礼貌地用手示意，请客人先进，如果是晚上则自己先进，启亮壁灯后再请客人进。

进入客房后，要向客人介绍房间里的设备，如音响、空调、电视等的使用方法，介绍服务设施如餐厅、商场及其他服务项目的情况，帮助宾客熟悉环境。

随即，要为客人送上茶水和毛巾，提供这项服务时，要尊重顾客的习惯，并要讲究卫生。在问清客人没再有其他需求后，应及时退出客房，轻轻将门关上。

每天早上客人起床后，把开水送到房间，如果客人尚未起床，可将热水瓶放在门外左侧，客人在房间会客或外出回来，都应按服务要求送上茶水和毛巾。

每天上午要打扫房间，打扫客房前要先按门铃或轻轻叩门，征得宾客同意后方可进入，当房门挂有“请勿打扰”牌子时，不要擅自闯入。清扫房间要按照程序进行，先拉开窗帘，然后倒掉垃圾、换烟灰缸、换布巾、搬家具和各种用品，补充茶叶、洗刷用品和清洗卫生间。在房内工作，不得擅自翻动宾客的物品。

要尽量满足宾客提出的一切正当需求，日常供应的物品，如毛巾、肥皂、火柴等，最好能想在宾客需要之前，及时向顾客传递邮件和书报杂志等。

根据性别、年龄和身份有礼貌地称呼宾客。平时见到宾客要主动打招呼，与宾客讲话要“请”字当先，“谢谢”收尾，说话时要注意语气、语调，语速，不得夹带粗话、脏话，工作中发生差错要主动诚恳道歉，求得谅解，不得强词夺理，推卸责任。

4. 送客离店礼仪

宾客离店，要做到使宾客满意而归。首先要了解顾客离店的时间，所用交通工具等情况，以便做到心里有数，并及时提供相应的服务。到总台结账时，服务员要做到热情周到、迅速准确。当场核对住店日期，解释清楚多个项目收款情况，不能含糊，避免引起顾客不满。结账完毕，要向宾客亲切致谢，欢迎再次光临。

宾客离店前，客房服务员要进入房间检查，检查客人有无遗忘物品和客房物品有无损坏和丢失。发现客人遗忘物品，应及时提醒宾客。如客人已走，应代为保管。如果发现房间内物品损坏，而且断定是客人损坏的，应用委婉的语言询问，以便引导客人承认。如发现房间物品丢失时，要巧妙地进行询问，千万不可使宾客当众难堪。

宾客离店时，应热情相送，亲切道别，使整个接待服务过程有一个完满的结束，给宾客留下良好的印象。

第三节　餐饮服务礼仪

一、准备工作

餐厅每天在开始营业之前，都应做好充分的准备工作，这是做好接待服务的前提，也是餐厅生意兴隆的基础。

1. 清洁卫生

服务人员应提前上岗，以便有充足的时间做好各项准备工作。餐厅的地面要彻底清扫、拖净或打蜡；门窗玻璃、餐桌、椅子、工作台要擦净；桌椅摆放整齐，整个餐厅环境要求整洁。

餐厅服务人员的个人卫生也要严格要求，这是由服务人员与食品、餐具打交道的特殊性决定的。上岗前服务人员要搞好个人卫生，包括：洗澡、梳头、剃须、刷牙、洗头、修剪指甲，并注意不吃韭菜、大蒜等有强烈气味的食品。然后换好工作服，工作服必须干净、整齐，根据要求佩戴工号。仪容整洁才能做到精神饱满、热情大方、彬彬有礼地接待顾客。

2. 摆台

摆台就是为客人就餐提供必需的就餐用具的工作。这是餐饮服务中要求较高的一项工作。包括:铺放台布、安排席位、摆放餐具、美化台面等。铺设后的餐台，要求做到台面清洁卫生，餐具、调味品、鲜花等摆放得当。既能方便顾客用餐，又使餐厅整洁美观。

铺台布是摆台的第一道工序。铺法是:左右手拿住台布的一边，用力向前推出，平面向自身拉开，中间折缝居中，对准主位，四角下垂相等。餐具的准备，根据饭菜品种和规格，会有所不同，但不论餐具的件数多少、档次高低，都应做到:无水迹、无油迹、无指纹、无饭渣、无异味、无破损、光亮配套、数量充足。要求折花品种搭配得当，高低摆设均匀，主花明显突出，折花的观赏面朝向顾客。

餐桌摆台还应有公用餐具、用具和点缀品，如公匙、公筷、调味品、烟灰缸、牙签盅、花瓶等。花瓶放在餐桌的正中，其他物品的摆设要求对称、整齐、协调和方便顾客使用。

二、接待服务礼仪

1. 恭候迎宾

服务员要以正确的站姿站在门口恭候宾客光临。宾客来到时，服务员要热情上前迎接，并致以亲切问候:“欢迎！请问共有几位?”“您好，请问您预订过吗?”问候时要面带笑容，表情亲切、自然。见到年老体弱者，要主动上前搀扶，悉心照料。要主动接下宾客的衣帽，挂在衣帽架上。

2. 引客入座

领台的服务员要走在前面引领客人入座。如果是重要宾客光临，服务员要把他们引到本餐厅最好的位置上;夫妇、情侣来就餐，要把他们引到安静的餐桌就座;年老体弱的客人，最好把他们安排在出入方便的地方;对某些有生理缺陷的客人，要注意选择一个能掩饰其缺陷的地方。如果客人希望的位置已被占用时，要耐心解释，多多抱歉，并尽量安排得使他们满意。

顾客走近餐桌时，服务员应以轻捷的动作，用双手拉开座椅，招呼顾客就座，待顾客曲腿入座时，轻推座椅，使客人坐好、坐稳。推椅的动作要适度、准确，注意与顾客的默契配合。

顾客就座后，随即将盛有小毛巾的碟子送上，用夹子夹着一次分给客人使用，并有礼貌地招呼客人:“先生，请!”，然后为客人送上热茶，这样既可以使客人在候餐时不致空闲，又可使其解渴解乏，因此又叫做“送茶候餐，递巾暖客”。

3. 恭请点菜

除事先已订餐的，服务员应及时主动地递上菜谱，请顾客点菜。菜单要干净无污。递送时必须恭敬，切不可把菜单随手往餐桌上一扔了之。要耐心等候，让宾客有充分的时间考虑，不可催促，准备好点菜单，记录客人所点饭菜。同宾客说话时要面带笑容，精力集中，话语亲切委婉。推荐菜点时，要通过观察分析，根据客人的心理、就餐目的，有针对性地向客人推荐菜点。推荐时要讲究说话艺术，做到既有礼貌又运用推销技巧，比如“我们这儿的××菜很有特色，您看怎样?”不可简单地说：“这个菜你吃不吃?”或是勉强硬性推荐，引起客人的不愉快。

要认真、准确地记录客人所点的每一道菜。如遇客人点到已无原料的菜饭，应致歉，求得宾客谅解，如客人点出菜单上没有的菜肴时，不可一口回绝，可以说“请允许我与厨师长商量一下，尽量满足您的要求。”

4. 斟酒上菜

酒水、冷盘优先上桌，这是中国人就餐的传统习俗，酒既能助兴，又能刺激食欲;冷盘美观，造型好看，便于观赏，口味多样，清淡爽口，适于佐酒。

中餐一般常用两种酒，一种是烈性酒，如茅台、五粮液等;一种是色酒，如葡萄酒、啤酒、黄酒等。饮料一般用汽水、矿泉水等。宴会开始，宾主一一入座，主人往往就要举起杯祝酒，所以在开宴前5分钟左右，须将葡萄酒作为礼酒斟好，烈性酒和饮料一般待宾客入座后再斟。

斟酒前，应向来宾先示意一下，征求意见，斟酒时，服务员应站在客人的右侧，右脚向前，侧身而上，左脚微微踮起。右手拿斟酒，手势自然，拇指在瓶的内侧，其他四指和杯口不可相碰，瓶口离杯口约1~2厘米，斟酒时，动作要稳妥，手法要轻，慎而有礼。

斟酒的程序一般是先主宾，再主人，然后顺时针方向逐个进行，如两个服务员同时为一桌客人斟酒，一个从主宾开始，另一个从副宾开始。均按顺时针方向进行，托盘斟酒时要注意托盘不超过椅背，并保持平衡，徒手斟酒时，左手可自然地放在背后，切不可放在椅背上。

在宾客就餐过程中，要随时注意每位宾客的酒杯和水杯，见杯内酒水只有1/3时，就应及时斟酒，倒烈性酒时，先轻轻征求一下宾客的意见，防止“催饮”。

上菜，就是由餐厅服务人员将厨房烹制好的菜肴点心送上桌，上菜要正确选择操作位置。中餐宴会的上菜要选择在陪同人员或翻译或副主人与来宾之间介绍菜名、口味。上菜不要在来宾之间进行。上菜时要轻步向前，轻托上桌，到桌边右脚向前，侧身而进，托盘平稳，放盘到位，报准菜名，动作轻快。上菜的顺序一般是:先冷盘，后热菜，依次是汤、面点，最后是水果。冷盘一般是在开席前几分钟端上餐桌的，客人入席后，冷盘吃至一半左右时，上第一道热菜，如宾客就餐速度快，应通知厨房出菜稍快一点，否则可稍慢些。上面点的顺序，各饭店之间有所不同，有的在汤后面上，有的穿插在中间上，有的甜咸面点一起上，有的交叉分开上，但甜面点在汤后上比较适宜。

在上菜过程中，要注意菜点摆放位置，在中餐宴会上，小荤素颜色要搭配好，每上一道菜，都要将桌上的菜肴进行一次位置上的调整，将剩菜撤下或移向副主人一边，将新上的菜放在主宾面前，以示尊重来宾。台面要保持"一中心"、"二平放"、"三三角"、"四四方"、"五梅花"的形状，使台面整齐美观。上菜时，要注意食物形态的正面朝向主人、主宾，以供主人、主宾欣赏，上附带佐料的菜肴时，应先上佐料，后上菜。

分菜，是指在中餐宴会中，对名贵菜、特殊菜、整体菜、汤类等，由服务人员分给每位宾客，分菜是一项技术性较高的工作，反映了服务员的服务水平，同时也体现出服务人员的礼节礼貌。在分菜之前，服务人员要先将菜送上桌，让宾客观赏一下。分菜可在餐桌上进行，也可在工作台上分好后再送给宾客。分菜的程序是先宾后主，分菜时要掌握好数量，做到邻座一个样，先分后分一个样，做到一勺准，一叉准，一勺一位。有卤汁的菜肴，分菜要带卤汁。给每位宾客分完后，菜盘内要留下1/4左右，以示菜的宽裕和准备给客人添加。

5. 侍候周到

在宾客用餐的整个过程中，服务员应始终站在桌旁，随时准备答应每个宾客的招呼，提供各种周到的服务，不得心不在焉地做其他事情。

服务员应及时把顾客已使用完毕的骨碟、菜盘、烟灰，以及一切用不着的或暂时不用的餐具、用具从餐桌上撤下，并根据需要换上干净的餐具、用具。撤换时要注意，不要将卤汁滴在客人身上;将洒落在桌上的少许菜、汁轻轻擦拭干净;撤菜盘的位置与上菜位置相同，尊重客人的习惯，如果客人将筷子放在骨碟上面，换上新骨碟后，仍将筷子按原样放好;为宾客斟酒、上菜，手指切忌触摸酒杯杯口，也不能碰及菜肴。

如有宾客不慎将餐具掉在地上，服务员应迅速上前取走，马上为其更换干净的餐具，宾客有意吸烟时，应及时主动上前帮忙点火，如有宾客的电话，要走近宾客轻声呼唤，不得在远处高喊。

总之，对宾客提出的各种要求，均应一一及时满足。不得置之不理，不得厌烦，更不得顶撞，因为“宾客永远是对的”。如果宾客的要求不合理或确实无法满足时，也应及时答复，并耐心解释，表示歉意。

三、结账送客

服务员为客人上完最后一道菜后，即应开始做结账的准备工作。账单要项目清楚，计算准确。结账时不可用手直接把账单递给客人，而应把账单放在垫有小方巾的托盘上，送到客人面前。为了表示尊重和礼貌，放在托盘内的账单要正面朝下递给主人，不要让来宾知道餐费的数目，更不能大声地向客人索要餐费，宾客付过账后，要表示感谢。客人用餐完毕起身时，服务员应为宾客拉开座椅，方便其行走，并及时准确地递上衣帽，要注意提醒客人不要忘记随身携带物品。在宾客离开餐厅以前，不得收碗撤台。

要有礼貌地将客人送至餐厅门口，友好话别，比如“再见，欢迎您下次再来”等道别语，躬身施礼，微笑目送客人离去。

第四节　导游服务礼仪

一、仪表仪容

仪表仪容是旅游服务人员给宾客的第一印象。良好的仪表仪容是对宾客的一种欢迎与尊重。

1. 仪表整洁

旅游服务人员在仪表上要给宾客以端庄、大方、美观、整洁的感觉。旅游服务人员身着制服，应合乎以下要求：

(1)整洁。制服必须合身，注意四长(袖至手腕、衣至虎口、裤至脚踝)、四围(领口以能插入一指为宜，上衣的胸围及裤裙的臀围，以配穿一套羊毛衫的松紧为宜)；内衣不能外露；不能挽袖、卷裤；不能漏扣、掉扣；领带、领结、飘带与衬衫领口的吻合要紧凑且不能系歪；工号和标志牌要佩戴在左胸的正上方；有些岗位还要戴好帽子与手套；衣裤无污垢、油渍、异味；领口与袖口尤其要保持干净。

(2)挺括。服装穿前要烫平，穿后挂好，做到上衣平整、裤线笔挺。

(3)美观大方。制服不论是西装套装(裙)还是旗袍、连衣裙，款式应大方、高雅，线条自然流畅，便于员工接待服务。

2. 仪容端庄

(1)头发。要适时梳理，不能有头皮屑。

(2)面部。要注意清洁和适当修饰，以显示活力。

(3)饰物。除手表和结婚戒指外，别的饰物在上班时原则上不戴。

(4)个人卫生。除前面讲的关于个人卫生方面的要求以外，还要坚持“三要”，即工作前后、大小便后要洗手，工作前要漱口，有体臭、口臭的员工，要及时治疗，并采取相应的防范措施，治疗前原则上不从事接待宾客的工作。另外，员工每餐不宜吃得过快、过饱，避免在接待宾客时体内发出声响，有伤大雅。

3. 礼貌语言

旅游服务人员要提高语言交际能力，讲究语言艺术，按不同对象、不同环境恰当使用礼貌服务语言，不说服务禁语。

(1)旅游服务用语表达的基本要求

①简练、准确、完整、合乎语法。

②声音优美。

③注意语言的礼貌性。

(2)常用旅游服务文明用语

①问候语。在不同时间、场合应使用不同的问候语。

与宾客见面应主动说:“您好！欢迎到××来。”“您好！欢迎光临。”“女士们，先生们，欢迎你们的光临!”“您好！见到您非常高兴。”在每天不同的时间问候客人应说:“您早!”“早上好!”“下午好!”“晚上好!”“晚安!”向客人道别或给宾客送行时可说:“晚安!”“再见!”“谢谢光临，欢迎再来!”“祝您一路平安!”当气候发生变化时，应说:“请多添衣服，当心感冒。”“请带好雨具。”

遇到节日、生日等喜庆日子，应说:“祝您圣诞快乐!”“祝您生日快乐!”“祝您健康长寿!”对广东籍客人习惯上说愉快而不说快乐，因为“乐”与“落”同音，是商人忌讳之字。宾客若患病或身体不适时，则应主动表示关心，可以说:“请多保重”，“祝您早日康复”等。

旅游接待人员在问候时，要掌握外宾的习惯用语。例如:初次见面用“How do you do”，熟人用“How are you”。千万不能用“您吃饭了吗”、“您上哪儿去”这类话。这类话在中国习以为常，可在外宾听来会产生误会。

②应答语。应答语是旅游工作人员回答宾客问话时的礼貌用语。

对前来的宾客说:“您好！我能为您做什么?”“请问，我能帮您什么忙?”引领宾客时说:“请跟我来”、“这边请”、“里边请”、“请上楼”等。接受宾客吩咐时说:“好，明白了!”“好，马上就来!”“好，听清楚了。请您放心!”听不清或未听懂宾客问话时应说:“对不起，请您再说一遍。”“很对不起，我还没听清，请您重复一遍，好吗?”

不能立即接待宾客时应说:“对不起，请您稍等。”“请稍等一下。”“麻烦您，等一下。”对稍等后的宾客打招呼时应说:“对不起，让您久等了。”接待失误或给宾客添麻烦时应说:“实在对不起，给您添麻烦了。”“对不起，刚才疏忽了，今后一定注意，不再发生这类事情。请再次光临指导。”

当客人表示感谢时应说:“不用谢，这是我应该做的。”“别客气，我乐意为您服务。”当客人因误解而致歉时应说:“没关系。”“这算什么。”当客人赞扬时应说:“谢谢，过奖了，不敢当。”“承蒙夸奖，谢谢您了。”“谢谢您的夸奖，这是我应该做的。”

当宾客提出过分或无理要求时应说:“这恐怕不行吧。”“很抱歉，我无法满足您的这种要求。”“对不起，中国没有这个习惯。”此时，必须沉得住气，婉言谢绝，表现得有教养、有风度。

二、文明举止

旅游服务人员在举止方面应做到:仪态自然，手势适当，动作优美，微笑真诚。

1. 仪态自然

站立、坐姿、行走是举止的三个基本环节，应做到“站有站相，坐有坐相，走有走相”。

(1)规范的站姿。旅游服务人员的站姿大致是:①女士站姿可使用:正式位站姿和丁字步站姿。②男士站姿可使用:“小八”站姿和“大八”站姿。

(2)优雅的坐姿。旅游服务人员应根据不同性别和不同的场合使用腿正放坐姿、腿斜(侧)放坐姿、小腿搭放坐姿(女性)和正姿、将军坐姿(男性)等不同的坐姿。

(3)正确的步姿。为宾客引路时，应走在客人的左前方，保持两三步距离;送别宾客时，则应走在宾客的左后方，距离约半步;若与宾客边走边谈，应让宾客走在自己的右边;路遇宾客，应让其先行;若遇开门、关门、按铃等，则应先行到宾客之前为其服务。

2. 手势适当

旅游工作者有的手势运用要给人一种庄重含蓄、彬彬有礼的感觉。其具体要求如下：

(1)手势的使用应该有助于表达自己的意思，不宜过于单调重复。如与客人交谈时，手势不宜过多，幅度也不能过大。在谈到自己时，应用手掌轻按自己的左胸，那样会显得端庄、大方、可信，切忌用手指点他人。

(2)介绍别人或为客人引路指示方向时，可根据不同需要使用中位、高位和低位指示礼。用手指指点方向和用手指指点客人，则含有教训人的意思，是不礼貌的。

(3)手势的使用，还应注意各国的不同习俗，不可乱用。在接待外国旅游者时，手势作为一种交流符号，有助于克服语言上的障碍，但由于各国的文化习俗不同，所使用的手势也各有各的含义。

如在我国，人们通常习惯于手臂前伸，手心向下，用手指朝身体方向摇动，示意“请过来”。而在欧美，这种动作则是招呼动物的表示。他们招呼人时，是将手掌向上伸开，伸曲手指数次。在我国和亚洲其他一些国家，这一动作又容易被误解为招呼幼儿或动物。

3. 动作优美

在工作时，旅游服务人员经常处于动的状态，因而动作的优美是值得注意的。

(1) 在宾客活动的场所，服务人员一般要坚持站立服务，即使宾客让坐，也要婉言谢绝。对客人要恭敬，一般要点头致意或问候，但要掌握分寸，不卑不亢。如在工作中，可边工作，边致意；如行鞠躬礼时，应停步，躬身15°~30°，并致以问候，边走边看边躬身，是不雅观的。

(2) 在工作时间，服务人员要做到“一不”、“二静”、“三轻”、“四尊重”。即工作时不得抽烟；服务场所保持干净，隆重场合保持安静；说话轻言细语，以客人能听到为宜，操作轻稳，所有器皿与物品要轻放，走路轻快，防止皮鞋跟发出噪音，必要时，服务人员要踮脚行走，这样步伐快而声音轻；“四尊重”是尊重老人、妇女、残疾人和不同国家不同民族的风俗习惯。

(3) 在服务场所，服务人员要按照规定的行走路线行走。一般来说，必须靠右行，不能在中间走。如与宾客相遇，要点头致意并主动让道，不可与客人抢道；遇到有急事或手提重物需超越行走在前的宾客时，应先向宾客致歉，在征得宾客同意后，可侧身通过，但不可从客人中间穿行；遇有十分紧迫的事，可加快步伐，但不可慌张奔跑。

(5)上下楼梯，要保持头正、背直、收腹、胸微挺。上楼梯时，男子应走在宾客、女士后边，下楼梯时，男子应走在 宾客、女士前边。

(6)取低处物品或俯身拾物时，不可弯腰曲背，低头翘臀，或双腿敞开，平衡下蹲姿势，尤其是穿裙子的女性下蹲两腿敞开，在国外被称为“卫生间姿势”，很不雅观，也很不礼貌。捡拾地上的东西，应采用双腿并拢的优美蹲姿捡起来。若捡身体右侧的东西，下蹲时应左脚在前，右脚稍后，两腿靠紧向下蹲，全脚着地，右脚脚跟提起，右膝低于左膝。右膝左侧靠近于小腿内侧，形成左膝高右膝低的姿势，臀部向下，基本上以左腿支撑身体。男性两腿之间可有适当距离，而女性一定要将腿靠紧。如捡身体左侧的东西，则姿势正好相反。

4. 微笑真诚

美国希尔顿饭店总公司董事长康纳得·希尔顿曾经说:“旅馆如果缺少服务员的美好微笑,好比花园里失去了春日的太阳和风。假如我是顾客,我宁愿住进那虽然只有旧地毯,但处处见到微笑的旅馆,而不愿走进那只有一流设备而见不到微笑服务的地方。”可见微笑服务是优质服务不可缺少的重要内容。坚持微笑服务可以大大改善服务态度,提高服务质量。因此,旅游服务人员应向宾客提供微笑服务。

(1)微笑是旅游接待服务礼仪的基础。旅游工作的微笑,是对宾客热情友好的表示,真诚欢迎的象征。微笑迎宾,是员工尽心尽职的表现,表达了旅游服务人员对宾客尊重的责任感和主动性,也是“宾客至上,服务至上”宗旨的具体体现。

(2)微笑是宾客情感的需要。微笑对客人的情感起着诱导的作用,旅游服务人员真诚的微笑,可以使宾客感到处处有“亲人”,从而消除初到异国他乡的陌生感、疲劳感和紧张感,进而产生心理上的安全感、亲切感和愉悦感。

(3)微笑要发自内心。从旅游接待工作的实际出发,甜美而真诚的微笑是值得推荐的。惟有这种会心的微笑,才能使宾客产生良好的心境。在接待服务过程的各个环节,要保持真诚、甜美的微笑,服务人员首先要有敬业、乐业的思想与感情;其次要克服不良情绪的外露,保持良好的心态,心中有温情,脸上才有阳光。

案例分析

本章开篇案例给你的启发是什么？

模拟实训

在老师的指导下，学生分组模拟练习餐厅、宾馆服务礼仪。

思考题

1. 在商场服务礼仪中，营业员要做到哪“四勤”？
2. 列举宾馆服务礼仪有哪些，并简要说出内容。
3. 总结在餐厅服务中应注意哪些重要细节？
4. 假如你做导游工作，设想出自己的形象，并精彩地说出所在地几个旅游景点的文化背景及特色。

第十一章　涉外礼仪

◇ **案例**

中国主管与美国调色师

美国人愿意发挥自己的想像力，他们不轻易敲主管的门，因为敲了主管的门，主管的话就会成为他们的一个框架，会影响自身的想像力。

日本人也不轻易敲主管的门，他们认为如果去敲主管的门，就会被主管认为很无能。

一位中国主管看见美国调色师（这位美国调色师在中国主管手下工作）正在调口红的颜色，走过去随便说了一句："这口红好看吗?"美国调色师站起来："第一，亲爱的余副总（美国人通常都是叫名字的，叫了头衔就表示心中不太愉快了），这个口红的颜色还没有完全定案，定案以后我会拿给你看，你现在不必那么担心。第二，余副总，我是一个专业的调色师，我有我的专业，如果你觉得你调得比较好，下个礼拜开始你可以调。第三，亲爱的余副总，我这个口红是给女人擦的，而你是个男人。如果所有的女人都喜欢擦，而你不喜欢没有关系，如果你喜欢，别的女人却不喜欢，完了！"

"Sorry，sorry……"主管知道自己的问话有些不妥，连声道歉。

第一节　涉外礼仪的基本要求

一、不卑不亢，互相尊重

中国人待人接物一般讲究含蓄和委婉，还特别客套，而西方人则一般较外向且讲究实事求是。因此在涉外交往中，我们不仅要热情友好，还要把握好热情友好的分寸，以使对方感到亲切、自然，否则，事与愿违，过犹不及。

“过头”了就会给人一种卑躬屈膝、低三下四的感觉；“不及”，又可能给人留下自大狂傲、放肆嚣张的印象。对外交往既不能自吹自擂、自我标榜，一味抬高自己，也不要妄自菲薄、自我贬低、自轻自贱。对外国人过度地谦虚客套，反而让他们怀疑你的真实能力。

二、平等相待，礼尚往来

在涉外交往中，我们应该特别注意对任何交往对象都要一视同仁，给予平等的尊重与友好，对大国和小国、强国和弱国、富国和穷国不能厚此而薄彼。因为不论贫富，人们在人格和国格上都是平等的。

三、好客，客随主便

在对外交往过程中，作为主人，理应热情好客，待客要彬彬有礼，讲究规格。当发现我们的接待方式不适应客人时，可适当地采用对方习惯的礼节、礼仪，让客人感觉舒服自在，有“宾至如归”的感觉，以表示对客人的体贴和尊重。

四、礼俗，求同存异

由于世界各国的社会制度、文化背景各不相同，礼仪习俗存在着一定程度的差异，在对外交往时，应理解对方、尊重对方。特别对于那些并无恶意，但观点、立场、态度与自己不同的人，要做到和平共处、求同存异，做到“不伤主人之雅，不损客人之尊”，要有宽广的胸怀和外交家的风度。既要遵守国际通行的礼仪惯例(即各国礼仪的“共性”)，也要尊重交往对象所在国的特殊礼仪与习俗(即各国礼仪的“个性”)。

五、表态慎重，信守约定

古今中外人士都推崇做人应该“言必信，行必果”。特别是在对外交往过程中，言行一定要谨慎，表态要慎重，切不可说大话、空话，更不能信口开河，做不负责任的承诺。西方人常常把信誉、商誉连在一块。他们做事很认真、很有计划性，一旦做出决策，不轻易改变。商业约会也特别准时，而且常常提前赶到，但只在主人门前等待，直到时间到了才按门铃。5 分钟是对方等待的极限。

第二节　礼宾次序

一、礼宾次序排列

所谓礼宾次序，是指国际交往中对出席活动的国家、团体、各国人士的位次按某些规则和惯例进行排列的先后次序。一般说，礼宾次序体现东道主对各国宾客给予的礼遇；在一些国际性的集会上则表示各国主权平等的地位。礼宾次序安排不当或不符合国际惯例，则会引起不必要的争执与交涉，甚至影响国家关系。因此，在组织涉外活动时，对礼宾次序应给予高度的重视。在不同的国家，礼宾次序的排列往往采取不同的方法。目前，我国在礼宾次序的排列上，一般采用下列几种做法：

1. 按身份与职务的高低排列

这是礼宾次序排列的主要根据。一般的官方活动，经常是按身份与职务的高低安排礼宾次序。如按国家元首、副元首、政府总理(首相)、副总理(副首相)、部长、副部长等顺序排列。各国提供的正式名单或正式通知是确定职务的依据。由于各国的国家体制不同，部门之间的职务高低不尽一致，则要根据各国的规定，按相当的级别和官衔进行安排。在正式的政务、商务、科技、学术、军事交往中，也可以采取此种方法。

2. 按字母顺序排列

多边活动中的礼宾次序，有时按参加国的国名字母顺序排列，一般以英文字母排列居多，少数情况也有按其他语种的字母顺序排列的。这种排列方法多见于国际会议、体育比赛、国际艺术展览等。在国际会议上，公布与会者名单，悬挂与会国国旗，座位安排等均按各国国名的英文拼写字母顺序排列。在召开联合国大会时，各专门机构的会议和悬挂的会员国国旗等均按此法。联合国大会的席次也按英文字母排列，但为了避免一些国家总是占据前排席位，因此每年抽签一次，决定本年度大会席位以哪一个英文字母打头，以便让各国都有机会排在前列。

3. 按来宾抵达现场的时间早晚排列

在各国大使同时参加派驻国的某项活动时，一般均以其到达的具体时间的早晚来排定其礼宾次序。在非正式的涉外活动中也可以采用此种排列方法。

4. 按通知代表团组成的日期先后排列

有时在国家间举行的多边活动中，采用通知代表团组成的日期先后来排列礼宾的次序。东道国对同等身份的外国代表团，按派遣国通知代表团组成的日期排定次序。采取何种排列方法，东道国在致各国的邀请书中均应加以注明。在实际的接待安排时，遇到的情况往往是复杂的，为此，礼宾次序的排列常常不能按一种方法，而是几种方法交叉，并考虑其他因素。如，在国际体育比赛中，体育代表队名称的排列，开幕式出场的顺序一般也按国名字母顺序排列，但是东道国一般排在最后。各国代表团观礼或召开理事会、委员会等，则按出席代表团的团长身份高低排列。又如，在某一多边国际活动中，对于代表团礼宾次序的排列，首先是按正式代表团的规格，即代表团团长的身份高低来确定，这是最基本的。在同级代表团中则按派遣国通知主办方，其代表团组成日期确定，对同级和同时收到通知的代表团则按国名英文字母顺序排列。再如，在安排礼宾次序时所考虑的其他因素，包括国家之间的关系、地区所在、活动的性质、内容和对于活动的贡献大小，以及参加活动人的威望、资历等。例如，常把同一国家集团的、同一地区的、同一宗教信仰的，或关系特殊的国家的代表团排在前面或排在一起。对同一级别的人员，常把威望高、资历深、年龄大者排在前面。有时还在考虑业务性质、职务的前提下，将业务性质对口的、语言相通的、宗教信仰一致的、风俗习惯相近的安排在一起。当然，还有的国家不管以上种种惯例，把关系密切的国家排列在最前列等。总之，在具体工作中，要耐心、细致、反复地考虑研究，设想多种方案，以避免因礼宾次序方面的问题而引起一些不愉快。

二、礼宾次序要求

凡国际上涉及位次顺序时，都约定俗成以右为大为尊，左为小为偏，即右贵左贱，另外还有一些特殊场合的要求。

1. 迎送外宾时。迎接时，应在飞机（车、船）抵达之前到达机场（车站、码头）。送行时，则应在客人登机（乘车、船）之前抵达。如有欢送仪式的则应在仪式开始之前抵达。当飞机（车、船）离开时，送客人员要挥手告别，直到客人看不见我方人员时才离开。

2. 坐车时。迎接客人一般都使用小型轿车。如果是三排座轿车，译员坐在主人前面的加座上；如果是两排座，译员坐在司机旁边。上车时，应让客人由右边上车，然后再从车后绕到左边上车。停车时，先从左边的车门下车，然后再从车后绕到右边为尊者打开车门。假若客人先行上车，坐到主人的位置上，则不必请客人挪动位置。坐车位次，以后排中间为大位，右边次之，左边又次之，前排最小。

3. 同行时。两人同行，以前者、右者为尊；三人同行，并行以中间为尊，前后行以前者为尊。

4. 上楼时。上楼梯时尊者、妇女在前，下楼梯时则相反。如乘坐电梯，出入电梯主人都应请客人先行。

5. 在室内，以朝南或对门的座位为尊位。

6. 排桌次席次的要求。排席位的主要依据是礼宾次序。因此在排席位前，要按礼宾次序开列主宾双方的名单。席次的高低以离主人坐位远近而定，同时也遵循右高左低的惯例，主人右手为上，左手为下。如果遇到主宾身份高于主人，为表示对主宾的尊重，可把主宾摆在主人的位置上，主人则坐在主宾的位置，即右侧席位，第二主人可坐在主宾的左侧。关于男女宾的席位安排，国际惯例是以西餐席次惯例参差排列。在这种排列中，男女主人分开坐，以女主人为准；主宾在女主人右上方，主宾夫人在男主人右上方。由于我国的习惯同国外有别，一般坐席次序是按每位宾客的职务、身份排列，以便于谈话。如果夫人出席，常常把女方排在一起，即主宾坐在男主人右上方，其夫人坐在女主人的右上方。席位安排还要适当照顾各种实际情况，如：身份大体相当、专业相同、语言相同者，可排在一起；意见分歧、关系紧张者，应避免排在一起。

三、国旗的悬挂

在国际交往中，还形成了悬挂国旗的一些惯例，为各国所公认。国家元首、政府首脑在他国领土上访问，在其住所及交通工具上悬挂国旗（有的是元首旗）是一种外交特权。东道国接待来访的外国 元首、政府首脑时，在隆重的场合，在贵宾下榻的宾馆、乘坐的汽车上悬挂对方（或双方）的国旗（或元首旗），这是一种礼遇。一个国家的外交代表在东道国境内有权在其办公处和官邸以及交通工具上悬挂本国国旗。

1. 在建筑物上或室外悬挂国旗时，一般应日出升旗，日落降旗。升降国旗时，要立正脱帽行注目礼，升国旗一定要升至杆顶，不能使用破损和污损的国旗。

2. 遇需悬旗致哀时，通常降半旗。先将旗升至杆顶，再下降至离杆顶相当于杆长三分之一的地方。也有的国家不降半旗，而是在国旗上方挂黑纱致哀。

3. 悬挂双方国旗时，以右为上，左为下。两国国旗并挂，以旗本身面向为准，右挂客方国旗，左挂本国国旗。在检阅台或主席台两侧悬挂两国国旗时，以坐在主席台上的人的右侧旗杆悬挂客方的国旗，东道国的国旗悬挂在另一侧的旗杆上。汽车上挂旗，则以汽车行进方向为准，驾驶员右手方向挂客方国旗，左手方向挂东道国国旗。所谓主人和客人，不以活动举行所在国为依据，而以举办活动的主人为依据。例如，外国代表团来访，东道国举行的欢迎宴会，东道国为主人;而答谢宴会，来访者是主人。

4. 国旗不能倒挂。一些国家的国旗由于文字和图案的原因，也不能竖挂或反挂。有的国家明确规定，竖挂需另制旗，将图案转正。例如朝鲜民主主义人民共和国国旗竖挂时，五角星的星尖依然朝上。有的国家则无明确规定。因此，正式场合悬挂国旗宜以正面(即旗套在旗的右方)面向观众，不用反面。如果旗是挂在墙壁上，避免交叉挂法和竖挂。

5. 悬多国国旗时，东道国的国旗应置于显著的位置，其他国家的国旗按字母次序以东道国国旗为中心，排列于左右两侧。

6. 各国国旗图案、式样、颜色、比例均由本国宪法规定。不同国家的国旗，如果比例不同，用同样尺寸制作，两面旗帜放在一起，就会显得大小不一。例如，同样两米宽的旗，三比二的就显得二比一的大。因此，并排不同比例的国旗，应将其中一面略放大或缩小，以使旗的面积大致相同。

第三节　外交中的称呼

在对外交往中，称呼因国情、民族、宗教、文化背景的不同而不同。但是，对待称呼问题，必须切记两点:一是掌握一般性规律，即国际上通行的做法。二是留心国别差异，加以区别对待。

一、称呼的一般性规律

在对外交往中，称呼的一般性规律有以下几点:

1. 对任何成年人，均可以称男子为先生，称女子为小姐、夫人或女士。称呼时，可冠以姓名、职务、学衔等，如:“欧文先生”、“麦当娜小姐”、“总统先生”、“博士先生”。

2. 在国际商务交往中，一般不称呼交往对象的行政职务，多称呼为“先生”、“小姐”、“女士”。“夫人”这一称呼，也较少应用于商务活动之中。

3. 在政务交往中，除“先生”、“小姐”、“女士”等常见的称呼外，还有称其职务和对地位较高者称“阁下”的两种方法。在称呼职务或“阁下”时，可加上“先生”这一称呼。其组成顺序为：先职务，次“先生”，最后“阁下”；或职务在先，“先生在后”。例如“总理先生阁下”、“大使阁下”或“市长先生”，等等。在美国、英国、墨西哥等国，没有称“阁下”的习惯。

4. 对军界人士，可以其军衔相称。称军衔不称职务，是国外对军界人士称呼最通用的做法。在进行称呼时，具体有四种方法：只称军衔，如“将军”、“上校”、“下士”。军衔之后加上“先生”，例如“上尉先生”、“少校先生”。先姓名后军衔，如“朱可夫元帅”、“巴顿将军”。先姓名、次军衔、后“先生”，例如“布莱尔上校先生”、“卡尔松下士先生”。

5. 对宗教人士，一般可称呼其神职。称呼神职时，具体做法有三种：仅称神职，如“牧师”；称姓名加神职，如“亚当神父”；神职加“先生”，如“传教士先生”。

6. 对君主制国家的王公贵族，称呼上应尊重对方习惯。对国王、皇后，通常应称“陛下”。对王子、公主、亲王等等，应称为“殿下”。对有封号、爵位者，应以其封号、爵位相称，例如“爵士”、“勋爵”、“公爵”、“大公”等等。可在国王、皇后、王子、公主、亲王等头衔之前加上姓名相称。如：“西哈努克亲王”、“莫尼克公主”、“拉那烈王子”等等。对有爵位者，可称“阁下”，也可称为“先生”。

7. 教授、法官、律师、医生、博士，因其社会地位较高，可直接以此作为称呼。具体有以下四点：一是直接称“教授”、“法官”、“律师”、“医生”、“博士”。二是在其前加上姓名，如“福特教授”。三是在其后加上“姓名”，如“法官先生”。四是在其前加姓名，在其后加“先生”，如“高斯博士先生”。

二、称呼的差异

以下介绍一些主要国家姓名称呼方面的知识。

1. 在英国、美国、加拿大、澳大利亚、新西兰等讲英语的国家里，人们的姓名一般由两个部分构成：通常姓名在前，姓氏在后。例如，在“理查德·尼克松”这一姓名之中，“理查德”是名字，“尼克松”才是姓氏。女子结婚前一般都有自己的姓名。但在结婚之后，通常姓名由本名与夫姓所组成。如“玛格丽特·撒切尔”这一姓名中，“玛格丽特”为其本名，“撒切尔”则为其夫姓。有些英美人士的姓名前会冠以“小”字，例如：“小乔治·威廉斯”。这个“小”字，与其年龄无关，而是表明他沿用了父名或父辈之名。这些国家，一般称其姓氏，并加上“先生”、“小姐”、“女士”或“夫人”。例如:“华盛顿先生”、“富兰克林夫人”。在十分正式的场合，则应称呼其姓名全称，并加上“先生”、“小姐”、“女士”或“夫人”。例如:“约翰·威尔逊先生”、“玛丽·怀特小姐”。对于关系密切的人士，往往可直接称呼其名，不称其姓，而且可以不论辈分，如“乔治”、“约翰”、“玛丽”等等。在家人与亲友之间，可称呼爱称，例如:“维利”、“比尔”等等。但与人初次交往时，却不可这样称呼。

2. 俄罗斯人的姓名由三个部分构成。首先本名，次为父名，末为姓氏。如，在列宁的原名“弗拉基米尔·伊里齐·乌里扬诺夫”这一姓名中，“弗拉基米尔”为本名，“伊里齐”为父名，“乌里扬诺夫”为姓氏。俄罗斯妇女的姓名同样也由三个部分组成。本名与父名通常一成不变，但其姓氏结婚前后却有所变化:婚前使用父姓，婚后则使用夫姓。对于姓名为“尼娜·伊万诺夫娜·乌里扬诺娃”的女士而言，其姓氏“乌里扬诺娃”在其婚后便会发生改变。在俄罗斯，人们是口头称呼中一般只采用姓氏或本名。如:对“米哈伊尔·戈尔巴乔夫”或“米哈伊尔”，在特意表示客气与尊敬时，可同时称其本名与父名，如称前者为“米哈伊尔·谢尔盖耶维奇”，这是一种尊称。对于长者表达敬意时，方可仅称其父名，如称前者为“谢尔盖耶维奇”。俄罗斯人在与亲友、家人交往时，习惯使用由对方本名化来的爱称。例如，可称“伊万”为“万尼亚”。在俄罗斯，“先生”、“小姐”、“女士”、“夫人”亦可与姓名或姓氏连在一起使用。

3. 日本人的姓名均用汉字书写，而且姓名的排列与中国人的做法也一样，即姓氏在前，名字居后。所不同的是，日本人的姓名往往字数较多，且多为四字组成。其读音，与汉字也大相径庭。为了避免差错，与日本人交往时，一定要了解在其姓名之中，哪一部分为姓，哪一部分为名。在进行书写时，最好将其姓与名隔开一格来书写，例如“竹下登”、“小泽一郎”、“二阶堂进”、“桥本龙太郎”，等等。日本妇女婚前使用父姓，婚后使用夫姓，本名则一直不变。在日本，人们进行日常交往时，往往只称其姓。只有在正式场合，才使用全称。称呼日本人，“先生”、“小姐”、“女士”、“夫人”皆可使用。一般可与其姓氏或全称合并使用。例如“田中先生”、“宫泽理惠小姐”等等。

三、称呼的禁忌

进行人际交往，在使用称呼时，一定要回避以下几种错误的做法：

禁用错误的称呼；

禁用过时的称呼；

禁用不当的行业称呼；

禁用不通行的称呼；

禁用庸俗低级的称呼；

禁用绰号作为称呼。

其共同的特征，是失敬于人。

第四节 小 费

在国外，随时随地都会遇到这样一个问题，即支付小费(亦称服务费)。因各国、各地区收小费的比例不同，因此差距较大。初到一个陌生的地方，应事先向有经验的人了解有关情况，并与同行者研究一下付小费的合理办法。不要把它看作区区小事“能省就省”，而应以“入乡随俗”的态度认真对待，以免带来不必要的麻烦和不良的影响。

小费起源于18世纪的英国伦敦。当时酒店餐桌中放着一只碗，上面写着“保证服务迅速”，顾客将零钱放入碗中，将会得到招待员迅速而周到的服务。这种做法不断延续，使用的范围也不断扩大，逐步在世界多数国家成为一种习惯的做法。

如果过去是根据服务招待员的态度、服务质量好坏给小费的话，那么现在饭店、餐厅付小费的情况就不同了，收小费已成为一种规定。在世界各地，饭店里的侍者可算是拿小费数量最多的行业。在欧洲，所有的饭店在结账时都要收10%～15%的“服务费”，即小费。收小费方式各国、各地区也不一样，有的让顾客自己在账单上写上服务费的百分比数目(一般为10%～15%)，然后侍者凭顾客在账单上的签字，从收款处取出钱作为服务费。目前更多饭店、餐厅采取直接在账单上写明加收10%～15%的服务费。这笔外快是饭店工作人员平分的，其中也包括那些不直接同顾客打交道的人在内。

顾客除了必须交纳包括账单内的服务费外，在欧洲一些国家如德国等，还要给侍者一些零钱(约5%)，因为15%左右的服务费也许不能落到招待人员手中。

在饭店里演出的歌手、拉小提琴或弹吉他的乐师，一般都不是饭店里的雇员，他们没有固定的工资收入(在某些情况下，为获准让他们演出和收小费，他们还得付钱给饭店），给不给他们小费完全出于自愿。如果你没有点唱或点奏，就不用破费。很多饭店里的厕所都有专人看管，如果你只是到盥洗室洗手，可不必在托盘里放钱。

在国外住旅馆动不动要付小费，旅馆越大，小费种类就越多，除了旅馆账单上有10% ~15%的服务费外，还有其他额外的服务也要付小费。刚进旅馆，有几个服务员来搬行李，不必一个个付小费；对给你打开房间门，放好行李的服务员，可付给1美元左右的小费。服务员送早点、茶、饮料，都要收小费。此外，还要给打扫房间卫生的清洁工小费，旅客住宿的时间长应多给，住的时间短可少给。在美国，高级旅馆的习惯则每天给清洁工留下2美元，但在欧洲，付给房间服务员的小费都要放在桌子上，服务员一进房间就会收去，一般来说，中等房间每天要付相当于一英镑的小费。至于旅馆门口的服务员应该给多少小费还得看其服务的程度。

在国外，出租汽车小费一般占车费的15%，如果拒绝支付出租汽车司机所索取的小费，就可能招致危险。美国的出租汽车司机1/3的收入靠小费。因此乘客得付15%以上的小费。伦敦的出租汽车司机对小费不太苛求。

如果你决定租用一辆汽车由自己来开，应该记住汽车加油时，通常得付给替你加油和擦挡风玻璃的工人少量小费。但英国例外，英国加油站的工人不收小费。

在国外大多数国际机场里，搬运工具按件收小费，每件行李收25美分，在纽约肯尼迪机场，单件行李一般小费低于1美元。如果件数多，每件不少于50美分。在火车站，搬运工同样是计件收小费的。

在欧洲的影剧院，如果你接受了节目单，一般给门口发节目单的服务员25美分的小费。在公共场所存取衣物要给小费。帮助你开关车门的人要给小费。

在饭店、旅馆等地方吃饭、住宿时，给小费的方式除应交付账单上公开列明的服务费外，在国外还有很多场合付小费是私下进行的。一般将小费放在茶盘、酒杯底下；或在感谢招待服务员时直接塞在其手里；或在付款时，只将找回的整款拿走，零钱就算作小费；或者多付钱，余钱不拿走。对代表官方的接待员，因其不收小费，可酌情送小纪念品。

给小费还要有点艺术。给钱过多，超过了一般标准或拿着钱随便乱给，会被看成是故意炫耀自己的富有；给得太少又会看成是小气，甚至会被骂成吝啬鬼，一些游客还会由于给少了小费而得到低劣的服务。给小费的时机也很重要，假如你在临别时才给，是不能补偿所出现的种种不快的。如果你刚到达就递过去一张钞票，以此表示自己对服务员的一点心意和对他工作的鼓励，是比较合适的。对进房间清扫卫生的服务员，可用礼貌的眼色、手势或简明短语表示一下小费所放的位置，让对方领会其意为佳。

第五节　主要国家的礼仪

一、英国

1. 概况

英国是大不列颠及北爱尔兰联合王国的简称(不列颠一词源于凯尔特语，意为“杂色多彩”，指古代部落人身上喜爱涂各种颜色。因曾有部分不列颠人迁居法国，故将本土称为大不列颠，法国北部则称小不列颠)，位于西欧，是大西洋中的一个岛国。全国面积 24 万多平方公里，人口 5000 多万，主要由英格兰人、苏格兰人、威尔士人和北爱尔兰人组成。官方语言和通用语言为英语。国旗为长方形，由深蓝底色和红、白“米”字形图案组成。国旗正中是带白边的红色正十字，代表英格兰守护神圣乔治;白色的交叉十字代表苏格兰守护神圣安德鲁;红色的交叉十字代表爱尔兰守护神圣帕特里克。国歌是《神佑国王》。货币为英镑。居民多信奉基督教新教和天主教，首都是伦敦。国花为蔷薇花。国鸟为红胸鸲。国石为钻石。英国的绰号是“约翰牛”。

2. 礼节礼仪

人们常用“绅士风度”来形容英国人。因此，善于交际、讲究礼仪、对人友善、易于相处，是英国人的普遍特点。他们在日常生活中很注重自己的修养和风度，能保持克制，耐心行事，一言一行，不苟且，不随便，不轻易动感情和表态，也十分看重对方的仪表仪容。英国人习惯以握手表示友谊。与人握手时，无论天气多冷，都要把手套脱掉。英国人不喜欢见面时拥抱，也不拉着手走在街上。英国男人戴帽遇见朋友，有微微把帽子揭起“点首”为礼的习惯。女子一般施屈膝礼。尊重女性、女士优先，是英国男子绅士风度的主要表现之一。具体表现在各种场合，如走路妇女先行，乘电梯妇女先乘，宴请时也要把女主宾安排在第一首席上等。对英国人来说，未经预约拜访是非常失礼的。接到邀请后去与不去都应明确告知邀请人，如接受邀请后因有急事不能赴约，应及时通知邀请者，否则会被认为是极端失礼。做客时要携带一些小礼物，最好是价值不大但有纪念意义的物品。由于英国是一个君主制的国家，至今保留女王制度和世袭头衔，因此在与英国人交谈时，应注意不要涉及政治、宗教以及皇家的小道消息。涉及女王时不能称“英格兰女王”，而要说“女王”或正规地说“大不列颠及北爱尔兰联合国女王”。称呼对方时应注意带上其荣誉头衔，如：爵士、公爵、子爵等爵位称号。英国人也不喜欢被统称为“英国人”，而应称为“大不列颠人”。一般交谈中比较保险的话题是动物、天气、旅游。另外，英国人谈话，不喜欢距离太近，一般以保持50厘米以上为宜，在众人面前，忌讳相互耳语。英国人衣着讲究，一般不扎带条色的领带，以免与英国各个学校的制服领带相仿，被误认为是学校的学生。

3. 节日与民俗

英国的主要节日有圣诞节、复活节、元旦、国庆节等。国庆节在6月的第二个星期四。以圣诞和新年最为隆重。英国人过年有自己的习俗，每当除夕之夜，全家围坐在一起，举杯畅饮，人人高唱“辞岁歌”。丈夫还要赠给妻子一笔钱，作为新的一年缝制衣服的针线钱，象征理家有方，家庭温暖。苏格兰人则提着煤块去拜年，把煤块放在亲友家的炉子上，并说“祝你家的煤长燃不熄”，以求吉利。人们还举行“卜蛋”，即将蛋放入一盘清水中以其形状来卜问吉凶。还有一个怪俗，他们把新的一年是否吉祥如意，全部寄托在第一个来访的人身上。认为若是来人善良、快乐、富有，则会交好运；如若一个凶恶或贫穷的人来临，则会倒霉。苏格兰人认为新年来访的客人中若是浅黄色头发的女人，则会晦气；若来的是男客而且是黑头发的，来年必定会走运。5月1日是英国传统的五朔节，凯尔特人历法中夏季的第一天，因此该节是人们庆祝阳光普照的日子。按照传统风俗，这一天人们要带着花环游行，从少女中选出“五月皇后”，小伙子们则跳莫里斯舞。

4. 忌讳

英国人忌用人像作服饰图案和商品装潢；忌用大象和孔雀图案，认为大象愚笨，孔雀是淫鸟、祸鸟；忌数字“13”和“3”，据说第一次世界大战中，英国士兵在点第三支烟时被打死者甚多，所以忌用同一根火柴给第三个人点烟；忌墨绿色，认为墨绿色会给人带来懊丧；忌黑猫，尤其是黑猫若从面前穿过，更会使人恶心，认为这预示这个人将要遭到不幸；忌讳百合花，把百合花看作死亡的象征；忌讳四人交叉式握手，据说这样交叉会招来不幸，这可能是因为四个人的手臂正好形成一个十字架的原因。

二、美国

1. 概况

美利坚合众国简称“美国”。它位于北美大陆。全国面积939.6万平方公里，居世界第四位。人口2.55亿，居世界第三位，其中白人占85%。国语为英语。首都为华盛顿。货币为美元。国花为玫瑰。国鸟为白头鹰。国石为蓝宝石。国旗为星条旗，旗帜左上角为蓝色星区，区内共有50颗白色五角星，分9排交错排列。星区以外是红、白二色相间排列的13道条纹，代表最初北美13块殖民地。国旗使用的3种颜色的特定含义是：白色象征纯洁，红色象征强壮和勇敢，蓝色象征警惕、坚韧和公正。国歌为《星条旗》。美国人大多信奉基督教新教和天主教，其次为犹太教、东正教、伊斯兰教。

2. 礼节礼仪

美国人以不拘礼节著称于世，关系要好彼此很熟的女性之间甚至男女之间平时见面都亲吻面颊。第一次见面不论男女都有握手的习惯。在握手时要摘下手套并注视对方。如来不及摘下手套一定要向对方表示歉意，以此显示出对对方的尊重。与别人握手要依次进行，不可多人交叉握手。女性彼此见面时可不握手。美国人的不拘礼节还显示在称呼中。他们不喜欢冠以“先生”、“小姐”、“太太”，而更喜欢直呼姓名。美国人在称呼中也很少用正式的头衔，除非是法官、政府高级官员、军官、医生、教授和高级宗教人士。不用行政头衔如局长、经理、校长等来称呼人。美国人讲究“个人空间”。与美国人交谈其距离以50厘米以上为宜。在公共场所，如图书馆、阅览室也要尽量同别人保持一定距离。不得已靠近别人坐时，要打招呼，得到对方同意后方可坐下。美国人在交谈中不喜欢涉及个人私生活的话题。因而与美国人交谈时，不要询问对方的年龄、家庭状况、收入、宗教信仰等问题，也不要打听对方所买、所穿、所用物品的价格，更不要询问女士的体重、年龄。交谈以不影响别人为宜，声音不可太大。在表示惊讶时，不要伸舌头，否则会被看作是污辱人的举止。在社交场合，美国男子习惯谦让、保护女士。在路上行走，男士应走在靠马路的一边，把靠墙的一边让给女士；进出门时，男士应为女士开门；进餐入座时，应请女士先入坐并先点菜；上下电梯（或上楼梯），应请女士走在前面；告辞时应请女士先起身，男士随后。但在下车、下楼、进餐厅、影剧院时，男士应走在前边，为女士开门、找座位；与女士打招呼，男士必须起立；女士的东西掉在地上，男士要为其拾起而不论是否认识。美国人不喜欢不速之客。做客时敲门，得到主人允许后才能进门，戴帽子的人进门后要摘帽。如果到女主人家拜访，若女主人没让脱大衣，通常是不脱的。如果在主人家就餐，需格外注意餐桌上的礼节，正确使用各种餐具，上菜之后，女主人动手开始就餐，客人才可动手进餐。就餐时，餐巾应铺在膝上，不能用餐巾擦餐具。进餐时身体要坐正，不要把两臂横放在桌上。面包用手掰成小块放入口中，喝汤和嚼东西时，嘴中不要发出声响。用餐完毕，待女主人从座位上站起来，客人们才能离席，中途不能离席。餐巾放在桌上即可，不用重新叠好。

3. 禁忌

美国人忌讳“13”、“3”和“星期五”，认为这些数字和日期都是厄运和灾难的象征；黑猫被看成是不吉利的动物，如果黑猫从面前经过，就认为会大难临头；打破镜子会招致大病或死亡；美国虔诚的清教徒最忌讳轻慢地谈论上帝，甚至“混蛋”、“该死”之类的词也被认为是对上帝的不恭而属于禁忌之列；忌用蝙蝠作图案的商品、包装品，认为它是吸血鬼和凶神的象征；在街道上行走，踏得“啪啪”作响，不仅被认为是在咒骂自己的母亲，在美国的某些地方还会因制造噪音而被处以罚款；忌“老”是美国人普遍的心理，称呼年长者千万不要加上“老”字。

三、加拿大

1. 概况

加拿大位于北美洲的北半部。全国面积997万平方公里。加拿大是一个移民国家，主要民族为英裔居民60%，法裔27%，还有意大利、德国、乌克兰等欧洲人后裔及土著人，土著人为印第安人和因纽特人。首都为渥太华。国旗为长方形，长与宽的比例为2:1，红、白两色，左右两侧为宽红边，中间为白色正方形，正方形中央为一大片11个角的红枫叶。左右两条红边分别表示太平洋、大西洋，中间白地表示加拿大广阔无垠的国土，红枫叶表示居住在这片富饶土地上的加拿大人民。国歌为《啊！加拿大》。国花为枫叶，这也是加拿大民族的象征。国树为枫树。

2. 礼貌礼节

加拿大人讲究实事求是，与他们交往不必过于自谦，不然会被误认为虚伪和无能。加拿大人通常行握手礼，讲究使用礼貌语言，注重必要的礼节。

3. 礼俗

加拿大是一个年轻富庶的国家，加拿大人热情友好，文明礼貌，踏实勤奋。他们喜爱现代艺术，酷爱体育运动。由于该国地理纬度高，气候寒冷，加上众多的巨大的天然场地，雪上运动项目开展得相当普及。加拿大人主要是欧洲移民的后裔，以英国人、法国人血统为多，除魁北克省人讲法语外，其他地区人讲英语。加拿大人中大部分信仰天主教、基督教。加拿大人多为欧洲血统，宗教信仰上又沿袭祖先的崇拜，所以该国的节庆都是西方国家共有的，如圣诞节、感恩节等。

4. 禁忌

除天主教、基督教中的忌讳以外，加拿大人还忌讳别人赠送白色的百合花，因为加拿大人只有在葬礼上才使用这种花，这点要千万注意。颜色方面，他们一般不喜欢黑色和紫色。在宴席上，他们喜用双数（偶数）安排座次。

四、德国

德国人民生活水平颇高，有薪假期长，公民出国旅游十分普遍。该国的旅游业也很发达，有不少吸引游客的文物古迹和游乐设施。居民中信奉基督教的约占一半，另有约46%的人信奉天主教。

1. 节庆

除传统的宗教节日外，最主要的节日是举世闻名的慕尼黑啤酒节，该节从每年9月最后一周到10月第一周要连续过半个月，热闹非凡，节日所喝的啤酒可汇集成河。德国科隆的狂欢节从每年11月11日11时11分开始，要持续数十天，到来年复活节前40天才算过完。复活节前一周的星期四是妇女节。妇女们这一天不但可以坐上市长的椅子，还可以拿着剪刀在大街上公然剪下男子的领带。

2. 礼貌礼节

德国人好清洁，纪律性强，在礼节上讲究形式，约会讲准时。在宴会上，一般男子要坐在妇女和职位高的人的左侧。女士离开和返回饭桌时，男士要站起来以示礼貌。请德国人进餐，事前必须安排好。他们不喜欢别人直呼其名，而要称头衔。接电话要首先告诉对方你的姓名。与他们交谈，可谈有关德国的事及个人业余爱好和体育，如足球之类的运动，但不要谈篮球、垒球和美国的橄榄球运动。

3. 禁忌

除宗教禁忌外，德国人对颜色禁忌较多，茶色、黑色、红色、深蓝色他们都忌讳；服饰和其他商品包装上禁用“卐”或类似符号；他们还忌吃核桃，忌送玫瑰花。

五、澳大利亚

澳大利亚是一个后起的资本主义国家，曾沦为英国殖民地，独立后仍为英联邦成员国。澳大利亚人中95%为英国移民的后裔，通用英语。澳大利亚地大物博，采矿工业发达，铁、铝、铜、金等矿产品的产量均居世界前列，农牧业以小麦和养羊为主，羊的总头数居世界第一位。由于人民生活水平高，出国旅游人数多，是我国主要的客源国之一。

1. 宗教信仰

大多数澳大利亚人信奉天主教和基督教。

2. 节庆

当北半球的国家在12月底欢度圣诞节的时候，位于南半球的澳大利亚正处于仲夏时节，所以澳大利亚的圣诞节与众不同，别有风趣。圣诞老人穿着大红皮袄、踏着雪橇，与烈日下大汗淋漓、吃着冰淇淋的人们形成鲜明的对照，是一番少有的庆贺景象。

3. 礼貌礼节

澳大利亚人见面时行握手礼，握手时非常热烈，彼此称呼名字，表示亲热。他们办事爽快、认真，喜欢直截了当，也乐于交朋友，碰见陌生人主动聊天，共饮一杯酒后，就交上了新朋友。澳大利亚人注意遵守时间并珍惜时间。

4. 禁忌

与英国人相仿。澳大利亚人对数字除忌“13”外，还忌“3”，特别忌用打火机或火柴为他们点第三支烟。一根火柴点燃第二支烟后应及时熄灭，再用第二根火柴点第三个人的烟才不算失礼。与澳大利亚人谈话，若坐着谈应避免两腿张得过宽，更不能翘起二郎腿；若站着谈话不可把手插入衣袋。忌当着澳大利亚人耳语，不能拍打肩背。澳大利亚人忌用人像作商品装潢，忌用大象图案，因为他们认为大象是蠢笨的象征。澳大利亚人讨厌孔雀，认为它是祸鸟，把孔雀开屏视为自我炫耀和吹嘘。他们忌送百合花，认为百合花意味着死亡。

六、法国

法国是旅游资源非常丰富的国家，同时也是我国旅游业的主要客源国之一。

1. 宗教信仰

大多数法国人信奉天主教，少数信奉基督教和伊斯兰教。

2. 节庆

法国人过年，家中的酒要全部喝完，他们认为过年若不喝完家里的酒，来年就要交厄运。法国人过其他节日也大量喝酒，如每年7月4日的国庆节、5月8日的停战节等。11月1日是法国人祭奠先人及为国捐躯者的节日，叫万灵节，也称诸圣节。体育节在每年3月中旬的第一个星期日。

3. 礼貌礼节

法国人乐于助人，谈问题不拐弯抹角，但不急于作出结论，作出结论后都明确告知对方。约会讲准时，不准时被认为是无礼貌。在公共场所，不能随便指手画脚、掏鼻孔、剔牙、掏耳朵；男士子不能提裤子，女士不能隔着裙子提袜子；女士坐时不能翘起二郎腿，双膝要靠拢。男女一起看节目，女士坐在中间，男士则坐在两边。不赠送或接受有明显广告标记的礼品，而喜欢有文化价值和艺术水平的礼品。不喜欢听蹩脚的法语。法国人待人彬彬有礼，礼貌语言不离口。稍有不当，如偶尔碰了别人一下，就认为自己失礼而马上说："对不起。"在公共场所，他们从不大声喧哗。法国人行接吻礼时，规矩很严格：朋友、亲戚、同事之间只能贴脸或颊，长辈对小辈是亲额头，只有夫妇或情侣才真正接吻。

4. 禁忌

法国人忌黄色的花，认为黄色花象征不忠诚；忌黑桃图案，视之为不吉利；忌仙鹤图案，认为仙鹤是蠢汉和淫妇的象征；忌墨绿色，因为纳粹军服是墨绿色；忌送香水给关系一般的女人，法国人认为送香水给女人意味着求爱。

七、日本

日本是我国"一衣带水"的邻邦，与我国交往频繁。自1972年两国正式恢复邦交以来，日本每年到中国来的游客近百万，日本已逐渐成为我国旅游业最大的客源国。由于历史上鉴真和尚多次东渡扶桑，交流中日文化，所以日本受我们中国的影响很深，至今还保留着浓厚的我国唐代礼仪、风俗。日本人总的特点是勤劳、守信、遵守时间、工作和生活节奏快，他们重礼貌，妇女对男子特别尊重，集体荣誉感强。

1. 宗教信仰

日本人大多数信奉神道教和佛教。佛教是从中国传过去的。少数日本人信奉基督教或天主教。

2. 节庆

日本的重要节日有新年(1月1日)，庆祝方式与中国差不多;成人节(1月15日)，是满20岁青年的节日;儿童节，但有男孩子节和女孩子节之分。男孩子节也叫端午节，和中国端午节时间及过法基本类似。所不同的是，节日里凡有儿子的家庭，家门外要挂上各色大小不一的鲤鱼旗，大的鲤鱼旗代表大男孩，小的则代表小男孩，家里有几个男孩就挂上几面鲤鱼旗。女孩子节是每年3月3日，又称雏祭。日本的国花是樱花，故有樱花节。这个节日是每年3月15日。此外还有敬老节(9月15日)、文化节(11月3日)等等。

3. 礼貌礼节

日本人在待人接物以及日常生活中十分讲究礼貌、注重礼节，还形成了某种礼仪规范。如:在待人接物上谦恭有礼，说话常用自谦语，特别是妇女，在与人交谈时总是语气柔和、面带微笑、躬身相待。日本人善用礼貌用语，为此，在语言上还分敬体与简体两种。由于日本人等级观念很重，上、下级之间，长辈、晚辈之间界限分得很清。因此，凡对长者、上司、客人都用敬语说话，以示尊敬;而对平辈、平级、小辈、下级一般用简语讲话。这时敬、简两种语体是不混合使用的。日本人最常用的敬语有:“拜托您了”、“请多多关照”、“打扰您了”等等。同时他们忌问“您吃饭了没有”一类话。现在日本人外出大多穿西服。和服是日本传统的民族服装，在隆重的社交场合或节庆时他们会穿和服出席。日本人重视仪表，认为衣着不整齐为不礼貌的行为。日本人与人见面善行鞠躬礼，初次见面向对方鞠躬90度，而不一定握手;只有见到朋友才握手，有时还拥抱。男子对女宾客，只有在她们主动伸手时才握手，但时间不要太长也不要过分用力。日本人在室外一般不作长时间谈话，只限于互致问候。日本人不给他人敬烟，当着别人面自己若想吸烟时，通常是在征得对方同意后才行事。以酒待客时，他们认为让客人自己斟酒是失礼的，应由主人或侍者代斟为妥;并且同时注意斟酒的方法，即斟酒者右手持壶，左手托底，壶嘴不能碰到杯口。客人则以右手持杯，左手托杯底接受斟酒为礼。通常，接受第一杯酒而不接受第二杯不为失礼。客人若善饮，杯杯都喝光，主人会高兴并鼓励多喝，但主人和其他人并不陪饮。一人不喝时，不可把酒杯向下扣放，应等大家喝完才能一齐扣放，否则会被视为不礼貌。日本人的茶道已不是一种日常生活意义上的饮茶，而形成一种礼仪规范，它以“和敬清寂”为精神，作为最高礼遇来款待远道而来的尊贵宾客。在日本，初次见面时互递名片已是一种日常礼节，因此很讲究交换的方法和程序。通常应先由主人或身份较低者、年轻人向客人或身份高者、年长者递送上自己的名片;递送时要用双手托着名片，把名字朝向对方以方便阅读。还有一种方法是:用右手递送上自己的名片(名字也要朝向对方),用左手去接对方的名片。如果自己在接到对方的名片后再去寻找自己的名片,则会被认为是失礼的。至于一时错把别人的名片递送给对方,则为严重失礼。因此,在接待日本客人时,千万要注意将自己的名片准备好,以便适时与对方交换,以示礼貌。

4. 禁忌

日本人忌讳绿色,认为绿色不祥;忌荷花图案;忌"9"、"4"等数字,因"9"在日语中发音和"苦"相同,而"4"的发音和"死"相同。所以日本人住饭店或进餐厅,我们不要安排他们住4号楼、第4层或4号餐桌。日本商人忌2月和8月,因为这两个月是营业淡季。日本人忌三人合影,因为三人合影,中间人被夹着,这是不幸的预兆。他们还忌金眼睛的猫,认为看到这种猫的人要倒霉。日本人喜爱仙鹤和龟,因为这是长寿的象征。日本妇女忌问其私事。在日本"先生"一词只限用于称呼教师、医生、年长者、上级或有特殊贡献的人,对一般人称"先生"会使他们处于尴尬境地。日本人饮食上忌讳八种用筷子的方法,叫做"忌八筷",即忌舔筷、迷筷、移筷、扫筷、掏筷、跨筷和剔筷。同时,忌用同一双筷子给宴席上所有人夹取食物。

◇ 案例

布什戴手套握手招不满

美国总统布什2005年2月23日晚抵达斯洛伐克时,戴着手套与斯洛伐克官员握手,让斯洛伐克人皱起了眉头。

斯洛伐克电视台直播了本国高官在首都布拉迪斯拉发机场欢迎布什一行的情景。布什戴着一副黑色皮手套与前往欢迎他的斯洛伐克总统、总理等高官握手。与这些领导人的夫人握手时,布什也没有脱下手套。

布什夫人劳拉握手时也一直没有脱下手套,其实,当晚当地的温度超过了摄氏零度。

布什夫妇的举动违反了斯洛伐克礼节。在斯洛伐克,领导人握手时双手必须裸露。此前,外国领导人戴着手套与斯洛伐克总统、总理等高官握手的事情闻所未闻。

案例分析

1. 阅读本章开篇案例,思考中国主管在什么地方冒犯了那位美国人?

2. 假如那位调色师是中国人，他对主管的问话会有什么反应？
3. 布什戴手套握手反映了一种什么心态？

思考题

1. 对外交往中应遵循的原则是什么？
2. 说出几个国家的礼仪。

第十二章 民俗礼仪

◇ 案 例

澳大利亚有一家私人鞋业，该企业以佛像作为鞋子的标志，触怒了泰国人。依泰国习俗，脚是“卑贱”的部位，除了走路不能作任何事，澳大利亚品牌以佛像作为鞋子标志，把佛像踩在脚底的作法，令泰国政府震怒，认为侮辱了佛祖，立即下令外交部向澳洲方面接洽，禁止该品牌进入泰国市场，一旦进入，一定依泰国法律受罚。

看来，由于不了解泰国的习俗误踏雷区，使得该企业难以踏足泰国市场。我们也应了解一些国内外习俗，增加知识，开拓眼界，为以后的工作、旅游减少些麻烦。

第一节 民族习俗礼仪

一、中华民族崇尚红色

从古至今，红色一直在点缀着中国人的生活和节庆。红色是一种热烈、喜庆、吉祥、浪漫、温暖、热闹、兴奋和具有丰富情感的色彩。在中国人的心目中，红色是吉祥色，红色具有中国特色。

中华民族对红色的喜好、崇尚有其长远的民族文化历史渊源。红色，使人联想起太阳、生命、火焰、热情，后人形容好日子红红火火也许与此有关。新婚洞房里里外外满目红艳：红门帘、红窗帘、红被子、红床单、红枕头、贴红双喜，点红蜡烛。新娘子的婚装上上下下更是红上加红，就连遮盖羞昵的那块盖头也必须是红色的。这些红色饰物把黄种人的面颊映照成绯红色，使新娘子娇羞的红晕更为妩媚，也为婚喜气氛增添了环境色彩。

在我国，绝大多数古代宫殿都是红墙黄瓦。纯洁善良的孝子被誉为“赤子”。中国共产党领导的工农武装称为“红军”，建立革命政权称为红色政权。

我国的国旗、党旗、团旗也都以红色为主色。红色是吉祥喜庆的象征。捷报、好消息要用红纸或套红;开张奠基、竣工剪彩用大红绸缎;夺冠登科要披红挂彩;拜师结义要递换红帖子;本命年避邪民俗要扎红腰带;生孩子要送红喜蛋;送贺礼、发压岁钱要用红纸包裹;盈余分配谓"分红";年首或一项工作开始取得成绩叫"开门红"。就连光荣花也是红色的。诗词歌赋等文学作品时有红的显现:走红、红人、红得发紫、又红又专。相思有红豆，抛向意中人的是红绣球。每逢盛大节日、喜事庆典活动都要用红色来点缀环境、渲染气氛。迎新年，要换贴红对联、红窗花、挂红灯笼。红色，最彻底地体现中华民族的精神气质和民俗文化心理。红色，是中华民族永不褪色的吉祥色!

二、蒙古族

蒙古族有自己的语言文字。首饰、长袍、腰带和靴子是蒙古族服饰的四个主要部分，蒙古族善于歌舞，民歌分长短调两种。

见面要互致问候，即便是陌生人也要问好。平辈、熟人相见，一般问:"赛拜努(你好)!"若是遇见长者或初次见面的人，则要问:"他赛拜努!"(您好)。

蒙古族有款待行路人的习俗，不论认识与否都会盛情款待，是蒙古族的传统美德。

到蒙古族人家里作客必须敬重主人。进入蒙古包后，要盘腿围着炉灶坐在地毡上，但炉西面是主人的居处，主人不上坐时不得随便坐。主人敬上的奶茶，客人通常是要喝的，不喝有失礼貌;主人请吃奶制品，客人不要拒绝，否则会伤主人的心。

献哈达也是蒙古族的一项高贵礼节。献哈达时，献者躬身双手托着递给对方，受者亦应躬身双手接过，或躬身让献者将哈达挂在脖子上，并表示谢意。

蒙古族人骑马、驾车接近蒙古包时忌重骑快行，以免惊动畜群;若门前有火堆或挂有红布条等记号，表示这家有病人或产妇，忌外人进入;客人不能坐西炕，因为西是供佛的方位;忌食自死动物的肉和驴肉、狗肉、白马肉;办丧事时忌红色和白色，办喜事时忌黑色和黄色;忌在火盆上烘烤脚、鞋、袜和裤子等;禁止在参观寺院经堂、供殿时吸烟、吐痰和乱摸法器、经典、佛像以及高声喧哗，也不得在寺院附近打猎。

蒙古族每天离不开茶，除饮红茶外，几乎都有饮奶茶的习惯，每天早上第一件事就是煮奶茶，奶茶是含有多种营养成分的滋补饮料。有人甚至认为，三天不吃饭菜可以，但一天不饮奶茶不行。

三、藏　族

素有“世界屋脊”之称的西藏，美丽神奇，是藏族的主要聚居地。藏族有自己的语言和文字，藏族服饰无论男女至今保留完整。藏族是汉语的称谓。西藏在藏语中称为“博”，生活在这里的藏族自称“博巴”。

藏族人民热情开朗、豪爽奔放。他们以歌舞为伴，自由地生活。藏族民歌抑扬顿挫，合辙贴韵，悦耳动听 。唱时还伴以各种舞蹈。舞姿优美，节奏明快。其中踢踏舞、锅庄舞、弦子舞最为广泛流传。也有献哈达的习俗。

四、壮族

壮族有本民族自己的语言和文字。美丽富饶的壮乡，素有“歌海”的美誉。尤其是盛大的“三月三”，方圆数十里的男女青年，都兴高采烈地穿上节日盛装赶来参加，少者几百人，多达数千人或上万人。顿时，人山人海，歌声嘹亮，成了歌的海洋。

三月三是壮族人民的传统节日，对歌又是三月三的一项主要活动，因此又称“歌圩”或“歌节”。壮族歌圩，在长期发展的过程中有着许多动人的传说。其中比较流行的是“赛歌择婿”的故事。传说在以前，有位壮族老歌手的闺女长得十分美丽，又很会唱山歌，老人希望挑选一位歌才出众的青年为婿。各地青年歌手纷纷赶来，赛歌求婚，从此就形成了定期的赛歌集会。

壮锦是壮族的一种瑰丽工艺品，它与湘绣、蜀锦齐名，驰名中外。传说壮锦是在宋代一名叫达尼妹的壮族姑娘，看到蜘蛛网上的露珠在阳光照耀下闪烁着异彩，从中得到启示。壮锦花色品种多样，用途广泛，可用作床毯、被面 、围裙、背带、腰带、手提袋、挎包、头巾、衣物装饰等。

五、朝鲜族

朝鲜族有自己的语言、文字。朝鲜族的先民，是从朝鲜半岛迁入中国东北的朝鲜族人。最早迁入定居的一批，距今已有三百多年的历史。

尊老爱幼是整个中华民族的优良传统。在朝鲜族中这一传统表现得尤为突出。朝鲜族敬重老人的传统很悠久，民间把敬老当作重要的道德准则，自1984年起，延边朝鲜族自治州把每年农历八月十五日定为统一的老人节。届时各地举行祝寿大会，把60岁以上的老人请到台上，为他们佩戴大红花，并接受村民乡亲的庆贺。《妈妈，祝您长寿》的歌曲响彻城乡，文艺体育活动激情欢乐。老人们与晚辈同歌共舞，尽情尽兴。

青少年对长辈必须使用敬语尊称；当着老人的面不许吸烟饮酒，在非喝酒不可的场合，也要背席而饮；最忌向老人借火或对火点烟；吃饭时须先给老人和长辈盛饭上菜，并给老人和宾客单设席桌。美食佳肴要摆到老人面前，老人未动筷子前，晚辈不得先吃；与熟识的老人出门同路时，年轻人不得走到老人前面，若有急事赶路，需恭恭敬敬地向老人说明原因，征得同意方可超前；路遇长者，不论是否熟识，都要致礼问安让路。

朝鲜族是个能歌善舞的民族，且歌舞活动带有广泛的群众性。除节日之外，即使在平时的业余和工间休息中，不论男女老少，都能即兴歌唱，翩翩起舞。朝鲜族歌曲旋律优美、自然流畅，富有很强的感染力与表现力，一人放歌，众人随合。朝鲜族舞蹈优美典雅、刚柔相兼，或抒情潇洒，或热情奔放，充分表现了朝鲜族柔中带刚，文而不弱，雅而不俗的民族性格。

六、侗族

侗族有自己的语言文字，现在大部分通用汉文。

侗族地区一向被誉为“诗的家乡，歌的海洋”。侗族诗歌韵律严谨，题材多样，尤以多声部无伴奏的侗族大歌为传统文化最精粹的部分，在文学和音乐方面都有极珍贵的价值。

油茶，是侗族人民喜爱的饮食。它几乎成为侗族人民日常生活的必需品，对于许多人来说，一日两次打油茶是少不了的。客至，好客的侗家人必用油茶招待。

侗家吃油茶时，主人和客人都围坐在桌旁或锅灶周围，由主妇动手烹调。第一碗油茶必须端给座上的长辈或贵宾，表示敬意。然后依次端送给客人和家里人。每人接到油茶后，不能立刻就吃，而要把碗放在自己的面前，等待主人说一声敬请，大家才一起端碗。吃油茶只用一根筷子。每次打油茶，每人至少要吃三碗，否则会被认为对主人不尊敬。吃了三碗后，如果不想再吃，就需把那根筷子架在自己的碗上，作为不吃的表示，不然，主妇就会不断地盛油茶，让你享用。

在美丽的侗乡，青年男女到了一定年龄就开始社交，“行歌坐月”了。“行歌坐月”就是谈情说爱，一般都是农闲季节盛行。很多侗寨有专门的“月堂”，即吊脚楼，供年轻人聚会，多数是小伙子到姑娘家去与姑娘对歌交游。夜幕降临了，寨子里的小伙拿着自制的牛腿琴、琵琶等乐器，踏着斑斑点点的月光，一面拉着琴弦，一面哼唱邀约歌，从喜爱的姑娘吊楼下走过。

琴声歌声拨动了姑娘的心弦，于是，她们急忙放下手中的活计，推开窗子往吊脚楼下窥视，见是自己喜欢的人来了，就打手势，示意他可进楼。如果是自己不喜欢的人来邀约，她们就急忙将窗户关起来不去搭理。假若那小伙子不肯离开她的吊脚楼，打口哨、呼喊，或用竹竿敲打她家的窗子和板壁，耐性好的姑娘虽然不做声，但她的家人便出来干涉，如果还不走，一瓢冷水从窗子上泼下来，意思是叫你快走开。在问答式的对唱中，最容易看出谁懂得的事理多，见识广。许多青年就是在这种“行歌坐月”的社交活动中加深了解，最后结为美满幸福的家庭。

七、维吾尔族

维吾尔族在待人接物方面很讲礼貌。对长辈异常尊敬，如，不能当着长辈的面吸烟、喝酒，不能从长辈面前横行穿过，不能说笑老人。到他人家作客，让年长者先进门就座，等等。亲朋好友见面，要握手问候，尤其遇到尊长，习惯将右手按在胸前，身体微向前倾，互道“萨拉姆”(意为祝您平安)，或“牙克西姆斯孜”(意为您好)。

维吾尔族也有许多禁忌。如吃饭时不能随便到锅灶前面，不能剩食物在碗中，如不慎饭屑落地，要拾起放在近前的餐布上。在饮食方面，禁吃猪肉、驴肉、狗肉、骡肉，自死的牲畜一律不食。在衣着方面，忌短小，上衣一般要过膝，裤长达脚面，最忌户外着短裤。屋内就座时要跪坐，禁忌双脚直伸，脚朝人。异常讲究饮用水水源的卫生，禁止人们在水渠、河沟、水池等地洗衣、洗澡。

八、满族

满族敬犬。因为满族长期从事狩猎，狗乃不可缺少的“助手”，冬季还用狗拉爬犁，成为重要的“生产资料”。狗还有看家和军事上传递情报的作用。相传努尔哈赤起兵初期，因追兵步步紧逼，在芦苇荡里被明兵点着的大火包围，幸亏一只狗用自己身上的毛浸水，救了过度劳累睡着了的努尔哈赤。因此满族有敬犬之俗，平时对狗精心豢养，狗死埋葬，他们不打狗杀狗，不吃狗肉，不戴狗皮帽，不铺狗皮褥，外族人戴狗皮帽进入满族人家，主人会不高兴。

九、回族

回族在饮食习惯上有“四不吃”之说，即：一不吃死物，二不吃血液，三不吃猪肉，四非念诵真主之名的牲禽不吃。

回族严禁饮酒，认为酒是万恶之源。但如葡萄汁之类，不在禁忌之列。香烟被视为麻醉品，虽不属绝禁，但一般都不吸，特别是在清真寺内和阿訇或长辈面前，更是如此。

第二节　中外节日

不同的民族、不同的国家在欢度年节时更能体现出千姿百态的民族风情。

一、春节

农历正月初一是春节，又称过年。

汉族过春节从腊月初八开始，腊八粥的香味，最先使过年的气氛在家家户户呈现出来。腊八粥的配制特别丰富：红枣、栗子、薏仁米、花生、芝麻、核桃仁、松子、杏仁、杂豆瓣及五颜六色的各样果脯，远远不止八种。另外，祖国南北在腊八粥的内容中也有一些差异。

腊月二十三，又称“小年儿”，是民间祭灶的日子。据民间传说，每年腊月二十三，灶王爷要升天向玉皇大帝禀报这家人一年的善恶，供玉皇据以赏罚，于是，百姓们供上红烛、糖瓜，企望灶王爷“上天言好事，下界降吉祥”。

腊月二十四，为“扫房日”，此后家家户户焕然一新，各店铺、百姓人家，新贴的春联鲜艳夺目，显示着家富人宁、红红火火的鸿福盛景。

除夕这天，祭祖、接神、接灶、好不热闹。大家已不再劳作，游子们千里迢迢，也要赶回来，合家欢聚一堂。北方人包水饺，南方人做年糕。水饺形似“元宝”，年糕音似“年高”，取其吉祥如意的好征兆。除夕通宵灯火齐明，人们辞岁守岁，尽情娱乐。当新年的钟声敲响时，四面八方鞭炮齐鸣，欢庆活动进入高潮。初一一大早，热热闹闹的拜年便拉开了序幕。

二、元宵节

农历正月十五是元宵节又称“灯节”，它是整个春节节庆活动的收尾，因而形式也十分隆重。元宵节始于汉而成于隋，至今有二千多年历史。元宵节的节庆活动中最重要的有二项：吃元宵，元宵游艺。

吃元宵：相传汉武帝时宫中有一位宫女，名叫“元宵”，长年幽于宫中，思念父母,终日以泪洗面。大臣东方朔决心帮助她,于是对汉武帝谎称,火神奉玉帝之命于正月十五火烧长安,要逃过劫难,惟一的办法是让“元宵”姑娘在正月十五这天做很多火神爱吃的汤圆,并由全体臣民张灯供奉,武帝准奏,“元宵”姑娘终于见到家人,此后,便形成了元宵节。

挂花灯:民间挂花灯有一则美丽的传说,古时一猎人射死了一只神鹅,玉帝闻讯大怒要为神鹅报仇,要于正月十五焚烧人间,一位善良的仙女偷下凡间向人们报告了这一消息。人们决定在正月十五前后家家户户挂红灯,放烟火,待天兵要下凡时,见火光一片,以为火早就烧起来了,便不再下界,直接向玉帝交差,人间得免一难。此后,每至此日,家家户户都挂花灯。至今,每逢正月十五全国各地仍有不少灯会灯展,著名的有北京北海公园元宵灯会,四川自贡灯会,哈尔滨冰灯节等。

耍狮子:又称“狮子舞”、“太平乐”,一般由三人完成,一人充当狮头,一人充当狮身和后脚,另一人当引狮人,舞法上又有文武之分,文舞表现狮子的温驯,有抖毛、打滚等动作,舞狮表现狮子的凶猛,有腾跃、蹬高、滚彩球等动作。

舞龙灯:传说唐代有一年大旱,龙王错行云雨,淹死了长安不少百姓,玉帝降旨命魏征监斩龙王,死后的龙王阴魂不散,夜夜扰闹皇宫,吓坏了唐王李世民,于是向群臣问计,众臣认为应超度龙王,于是民间才有了元宵节耍龙灯的习俗。舞龙时,整条龙在乐声中沿着规定的路线和队列奔跑,龙就像活了一样,民间以此乞求风调雨顺,五谷丰登。

三、端午节

端午节,又称端阳节。端午节是我国两千多年的习俗,每到这一天,民间要吃粽子,饮雄黄酒,赛龙舟。

端午节的传说有很多版本,其中之一就是纪念历史上伟大的民族诗人屈原。屈原,名平,是战国时代的楚国人。目睹国破家亡、民不聊生的境遇,忧怨自己徒有一腔政治抱负却得不到施展,在悲愤绝望中,于公元前 278 年农历五月初五,抱石沉入汨罗江中。屈原投江后,楚国的百姓哀痛异常,纷纷涌向汨罗江边去凭吊屈原。渔夫们划起船只,在江上来回打捞他的尸身(此俗日后演变成赛龙舟)。有的渔夫还拿出事先准备的粽子、鸡蛋等食物,往江里面丢,说是让鱼虾吃了,就不会去咬屈大夫尸身。一老医师则拿了一坛雄黄酒倒进江里,说是要药晕了蛟龙,使它不伤害屈大夫。

从此以后,每年到了农历五月五日,人们都要划龙舟、吃粽子、喝雄黄酒来纪念屈原。

四、中秋节

中秋节又称仲秋节或团圆节，是流行于全国众多民族中的传统文化节日，时在农历八月十五，因其恰值三秋之半，故名。据说此夜月球距地球最近，月亮最大最圆最亮，所以从古至今都有饮酒赏月的习俗。其中的赏月、吃月饼、团圆饭等习俗，一直流传到今天。我国有二十多个少数民族也过中秋节，但节俗各异。壮族习惯于在河中的竹排房上用米饼拜月，少女在水面放花灯，以测一生的幸福，并演唱优美的《请月姑》民歌。

五、重阳节

农历九月初九，两阳相重，故叫"重阳"，重阳节又是"老人节"。古人将天地万物归为阴阳两类，阴代表黑暗，阳则代表光明、活力。奇数为阳，偶数为阴。九是奇数，因此属阳，九月初九，日月逢九，二阳相重，故称"重阳"、"重九"。重阳节秋高气爽，正是登高远眺的好季节，登高远望，草木山川，尽收眼底，因此，登高便成了重阳节的重要习俗。这实际上是一种野游，为我国人民传统的体育活动。老人们在这一天或赏菊以陶冶情操，或登高以锻炼体魄，给桑榆晚景增添了无限乐趣。

六、新年

元旦是一年的首日。"元旦"这一名称，据说起自传说中三皇五帝之一——颛顼(zhuān xū)。他以农历正月为元，初一为旦。"元"含有第一和开始之意，"旦"则是一轮红日从地面开始升起，"元"和"旦"和在一起，就是要人们以蓬勃朝气，来迎接崭新的一年。

1949 年 9 月 27 日，中国人民政治协商会议第一届全体会议通过决议："中华人民共和国的纪年采用公元。"即是我们所说的阳历，为了区别农历和阳历两个新年，又鉴于农历二十四节气中的"立春"恰在农历新年的前后，因此便把农历正月初一改称为"春节"，阳历一月一日定为"元旦"，至此，元旦才成为全国人民的欢乐节日。

德国的新年，庆祝时间前后有一周。这期间，家家户户都要摆上一棵枞树和横树，树叶间系满绢花，表示繁花如锦，春满人间。德国人在除夕午夜新年光临前一刻，爬到椅子上，钟声一响，他们就跳下椅子，并将一重物抛向椅背后，以示甩去祸患，跳入新年。孩子们组成乐队，穿上新衣服，拿着口琴和手风琴，列队在街上吹奏。成年人则手持彩旗，跟在后面呐喊唱歌，欢庆新年。

在意大利，除夕是一个狂欢之夜，人们涌向街头，燃放爆竹和焰火，甚至鸣放真枪实弹。男男女女翩翩起舞，午夜时，家家户户将屋子里一些可打碎的东西，摔个粉碎。这是他们辞旧岁迎新年的传统方式。

法国人以酒来庆祝新年，人们从除夕起开始狂欢痛饮，直到1月3日才终止。法国人认为元旦这一天的天气预示着新的一年的年景。元旦清晨他们就上街看风向来占卜:刮南风，预兆风调雨顺，这一年会是平安而炎热;刮西风，有一个捕鱼和挤奶的丰收年;刮东风，水果将高产;刮北风，则是歉收年。

阿根廷人认为水是最圣洁的。每年元旦，各家老少成群结对地到江河洗“新年浴”，并以鲜花揉搓全身，以示洗去污秽和霉气，换来吉祥和幸福。

巴基斯坦人在元旦这一天，携带着红粉出门，见到亲友相互把红粉涂在额上，以示幸运吉祥。

巴拉圭把每年最后五天定为“冷食日”。在这五天中，上至国家元首，下至普通百姓，都不能动烟火，只能吃冷食;直到元旦，才能生火做饭，庆祝佳节。

巴西农村有一个独特的风俗习惯，人们在元旦见面时，一定要相互使劲揪住对方的耳朵。

七、情人节

每年的2月14日是情人节，有关情人节的传说有很多版本，其中之一是说，古罗马青年基督教传教士圣瓦伦丁，冒险传播基督教义，被捕入狱，感动了老狱吏和他双目失明的女儿，得到了他们悉心的照料。临刑前圣瓦伦丁给姑娘写了封信，表明了对姑娘的深情。在他被处死的当天，盲女在他墓前种了一棵开红花的杏树，以寄托自己的情思。这一天就是2月14日。通常在情人节中，以赠送一枝红玫瑰来表达情人之间的感情。将一枝未开的红玫瑰作为情人节送给女孩的最佳礼物，而姑娘则以一盒心形巧克力作为回赠的礼物。

八、愚人节

每年4月1日，是西方也是美国的民间传统节日——愚人节。愚人节起源于法国。1564年，法国首先采用新改革的纪年法——目前通用的阳历，以1月1日为一年之始。但一些因循守旧的人反对这种改革，依然按照旧历固执地在4月1日这一天送礼品，庆祝新年。主张改革的人对这些守旧者的做法大加嘲弄。聪明滑稽的人在4月1日就给他们送假礼品，邀请他们参加假招待会，并把上当受骗的保守分子称为“四月傻瓜”或“上钩的鱼”。从此人们在4月1日便互相愚弄，成为法国流行的风俗。18世纪初，愚人节习俗传到英国，接着又被英国的早期移民带到了美国。

这一天，不仅孩子们开这种玩笑，甚至英国的电视台、电台和报纸有时也会精心设计圈套来诓骗听众和读者。例如，英国一家日报发表一张“独家新闻”照片，上面是英国首相撒切尔夫人在公园的一条长凳上同苏联领导人戈尔巴乔夫接吻。

有一天人们在空中看到一个外星人的飞碟。飞碟盘旋了一段时间缓缓降落。人们朝飞碟降落的方向跑去，只见飞碟慢慢打开，走出来的不是外星人，而是英国大西洋航空公司的大老板布兰森。人们开始一怔，随即都为自己被愚弄而爆发出一阵大笑。愚人节虽然是英国人的传统节日，可有时也不免殃及外国人，特别是某些一贯严肃认真的学术性杂志所开的玩笑更是流传甚广，让不知门径的外国人信以为真。

为了避免愚人节玩笑造成的不良后果，英国政府已经对其进行了一定的限制。比如，不得拿君王和宗教等取乐，不许愚弄警察等。

九、母亲节

5月的第二个星期日是母亲节。母亲节是由一位名叫贾维斯的妇女倡导，并由她的女儿安娜·贾维斯发起创立的。贾维斯夫人是一个有着10个子女的母亲，是当时美国格拉夫顿城教会主日学校的总监。在美国以解放黑奴为目的的南北战争结束后，她在学校里负责讲述美国国殇纪念日的课程。贾维斯是一位心地善良、极富同情心的女人。她讲述着战争中那一个个为正义捐躯的英雄的故事，望着台下那一张张充满稚气的孩子们的脸，一个想法猛然涌上心头:为祖国贡献了这么多英勇战士，保证了战争胜利的，不就是那一个个含辛茹苦地抚育着子女的母亲们吗？她们的儿子血染疆场，承受了最大的痛苦和牺牲的，不也是这些默默无闻的母亲吗？因此，她提出应该设立一个纪念日或母亲节，给这些平凡的女人一些慰藉，表达儿女们对母亲的孝心。可惜的是，这个良好的愿望还没有实现，贾维斯夫人便与世长辞了。她的女儿安娜·贾维斯目睹母亲抚养自己和兄弟姐妹成人的辛劳，深感母亲的提议是适合天理人心的。因此，她写出了几十封信，发给美国国会、地方州长和妇女组织等，提议创立母亲节。在她的一再呼吁下，这一提议得到了社会上的广泛响应和支持。1914年，美国总统威尔逊郑重宣布，把每年5月的第二个星期天，也就是贾维斯夫人的忌日，定为母亲节。美国政府还规定，母亲节这天，家家户户都要悬挂国旗，以表示对母亲的尊敬。由于贾维斯夫人生前喜爱康乃馨花，这种花也就成了母亲节的象征。母亲节是个充满人间温情的节日，这一天，家里的男成员要把全部家务活都包下来，儿女们每人都要做一件让母亲高兴的事，以尽孝道。即使远在异地的孩子，也要打电话向母亲表示祝贺。

这一天，美国人民都要在胸前佩上一朵花。母亲健在的，戴一朵有色的花，表示欢愉；母亲逝世的，戴一朵白花，表达哀思。

现在的母亲节，已经成了一个名副其实的国际性节日。

十、父亲节

每年6月的第三个星期日是父亲节。父亲节的设立过程，和母亲节大同小异。这个节日是由约翰·布鲁斯·多德夫人为了也向父亲们表达敬意以取得平衡，倡议成立的。多德夫人早年丧母，她有5个弟弟，姐弟6人的生活负担全落到了父亲身上。多德长大以后，根据自己的切身体会，深感父亲这种自我牺牲的精神应该得到表彰。做父亲的也应该像母亲们那样，有一个让全社会向他们表示敬意的节日。于是，她给华盛顿州政府写了一封言辞恳切的信，建议以她父亲的生日，每年的6月5日作为父亲节。州政府采纳了这一建议，但把节期改在每年6月的第三个星期日。

随着社会的发展和变化，美国离婚率不断上升，单亲子女增多，在许多家庭中，父亲的职责明显加强了。另一方面，女性就业人数增多，父亲也必须承担更多的家务。在这种情况下，子女对父亲的依恋性不断得到增强，这个节日也就逐渐向全国推广。1972年，在各方的强烈呼吁下，美国总统尼克松签署了建立父亲节的议会决议，使其成为全国性的节日。在这一天，子女们一早起来，自己动手为父亲做一顿丰盛的早餐，并亲手端到父亲床前。孩子们还要制作一些精美的小礼品送给父亲。

在父亲节这天，人们也在胸前佩戴特定的花朵。一般来说，佩戴红玫瑰表示对健在父亲的爱戴，佩戴白玫瑰则表达对故去父亲的悼念。

十一、感恩节

11月的最后一个星期四是感恩节。感恩节是美国人民独创的一个古老节日，也是美国人合家欢聚的节日，因此美国人提起感恩节总是倍感亲切。

感恩节从三个方面来说都是送礼的节日：一是大多数美国人要感谢上帝在过去一年里的恩惠，二是人们按传统要用时令的果实招待亲朋好友，三是人们还送食物给那些饥饿的人。

感恩节的由来要一直追溯到美国历史的发端。1620 年，著名的“五月花”号船满载不堪忍受英国国内宗教迫害的清教徒 102 人到达美洲。1620 年和 1621 年之交的冬天，他们遇到了难以想像的困难，处在饥寒交迫之中，冬天过去时，活下来的移民只有 50 来人。这时，心地善良的印第安人给移民送来了生活必需品，还特地派人教他们怎样狩猎、捕鱼和种植玉米、南瓜。在印第安人的帮助下，移民们终于获得了丰收，在欢庆丰收的日子，按照宗教传统习俗，移民规定了感谢上帝的日子，并决定为感谢印第安人的真诚帮助，邀请他们一同庆祝节日。

每逢感恩节这一天，美国举国上下热闹非常，人们按照习俗前往教堂做感恩祈祷，城乡市镇到处都有化装游行、戏剧表演或体育比赛等。劳燕分飞了一年的亲人们也会从天南海北归来，一家人团团圆圆，品尝美味的感恩节火鸡。火鸡是感恩节的传统主菜。

十二、圣诞节

12 月 25 日，是基督教徒纪念耶稣诞生的日子，称为圣诞节。

从 12 月 24 日到翌年 1 月 6 日为圣诞节节期。节日期间，各国基督教徒都举行隆重的纪念仪式。圣诞节本来是基督教徒的节日，由于人们格外重视，它便成为一个全民性的节日，是西方国家一年中最盛大的节日，类似我国过春节。

西方人由于有着不同的文化背景，所以用不同的方式来纪念圣诞节。通常的活动有教堂仪式、家庭团聚、欣赏音乐、参加舞会、赠送贺卡及分发礼物等。共享基督仁爱的基督徒们这时对家人、心爱的人、朋友、穷人和无家可归者都有所赠予。

这一赠送礼品的节日还包括传说中的圣诞老人。他整年在北极的工场里为孩子们做玩具。圣诞前夕他乘着雪橇来到各家屋顶，沿着屋顶烟囱滑进屋内，将礼品放在圣诞树下或孩子们的长筒袜里。传统的圣诞大餐包括火鸡、野鹅、葡萄干、布丁和水果蛋糕。

圣诞节时唱的赞美诗称为“圣诞颂歌”有很多首，其中以《平安夜》最为有名。据说，1818 年在奥地利一个名叫奥本多夫的小镇上住着一个默默无闻的乡村牧师摩尔。这年圣诞节，摩尔发现教堂里管风琴的管子被老鼠咬坏了，修理已经来不及了。怎么庆祝圣诞呢？摩尔为此闷闷不乐。他忽然想起《路加福音》里记载着，耶稣降生时，天使向伯利恒郊外的牧羊人报佳音后，高唱颂歌："在至高之处荣耀归于上帝，在地上平安归于他所喜悦的人。"他灵机一动，根据这两句经文写成一首赞美诗，取名《平安夜》。

摩尔写好歌词后拿给本镇小学教师葛路伯看，请他谱曲。葛路伯读完歌词很受感动，谱好曲，第二天在教堂里演唱，大受欢迎。后来有两个商人路过这里，学会了这首歌，他们为普鲁士国王威廉四世演唱，威廉四世听后大力赞赏，下令把《平安夜》定为全国教堂过圣诞节时必唱的歌曲之一。

◇ 案 例

感受新加坡的礼让

我走到斑马线边上，自动地停下来，想让车先过，但是，车已经早早地停下来，司机挥挥手，让我先过。

这种情况，在新加坡能够经常看到是常态，车让我这个异乡人，使我感到诧异，在国内，从来都是人让车。

有次出门，回来的时候实在渴了，买了一瓶可口可乐，一边喝着，一边打卡进地铁，看到工作人员向我挥手，突然想起来，新加坡地铁里不允许吃东西，否则，罚款1000新元，上帝！那是5000元人民币。不过，我想错了，他们不是来罚款的，地铁管理员跑过来，要我的卡，在计算机系统里重新调了一下，把已经打进去的卡退出来。新加坡到处是罚款通告，但是真正被罚的人很少。

我想到在国内被一个老太太罚款的情形：

那天，我刚刚把车子停在路边，一个老太太立即过来，然后要罚款10元，而那张关于禁止停车，违者罚款10元的通知，被她拿在手上，她早就看到我要停车，就是不提醒我，她把那张罚款通告当成收款指南了。

新加坡人的这种礼让，我想主要是基于以下因素：

1. 这里人口密度低，人和人之间直接冲撞的机会少；
2. 这里生活水平高，特别不顺、心情特别不好的人较少；
3. 最主要的还是文化。

中国是礼仪之邦，但是，不如新加坡这样的国家讲礼仪，对此，我们要好好检讨。

案例分析

1. 民俗礼仪有无先进和落后之分？

2. 新加坡人的礼让，最主要的还是文化，这里“文化”指的是什么？我们如何看待国内的礼俗文化，如何吸收、学习国外的礼俗文化？

思考题

请说出国外的几个重要节日。

读者反馈意见

亲爱的读者：

感谢您对《现代礼仪》的学习和热爱！为了今后能给您提供更优质的服务，请您抽出宝贵时间填写下面意见反馈表，以便我们更好地对本教材做进一步的改进。同时如果您在使用本教材的过程中遇到了什么问题，或者有什么好的建议，也请您来信、来电告诉我们。

地址：北京市丰台区科学城南极星大厦 108 室

电话：010－83794590 /83794403

电子邮箱：caikai6223@263. net　QQ：649319527　QQ：1694299827

网址：WWW. KFHWH. CN

教材名称：《现代礼仪》

个人资料：

姓名：__________年龄：__________所在院校/专业__________

文化程度：__________通讯地址：__________

联系电话：__________电子信箱：__________

您使用本书是作为：□指定教材、□选用教材、□辅导教材

您对封面设计的满意度：

□很满意、□满意、□一般、□不满意　改进建议__________

您对本书印刷质量的满意度：

□很满意、□满意、□一般、□不满意　改进建议__________

您对本书的总体满意度：

从语言质量角度看：□很满意、□满意、□一般、□不满意

从科技含量角度看：□很满意、□满意、□一般、□不满意

本书最令您满意的是：

□指导明确 □内容充实 □讲解详尽 □实例丰富

您认为本书在哪些地方应进行修改？（可附页）

____

____

您希望本书在哪些方面需进行改进？（可附页）

____

____